伊恩·斯图尔特　数学游戏全集

Cake Cutting and
the Endless Chess Game

切蛋糕与无尽的棋局

How to Cut a Cake:
And Other Mathematical Conundrums

【英】伊恩·斯图尔特◎著
汪晓勤 邹佳晨 陈慧◎译

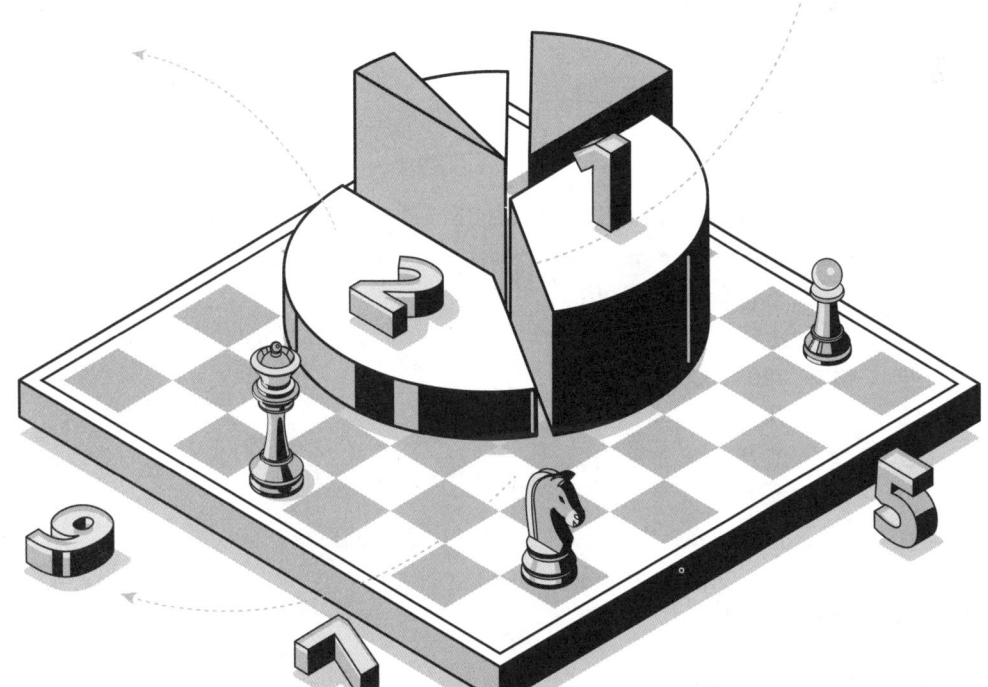

上海科技教育出版社

图书在版编目（CIP）数据

切蛋糕与无尽的棋局 /（英）伊恩·斯图尔特著；汪晓勤，邹佳晨，陈慧译. -- 上海：上海科技教育出版社, 2025. 6. --（数学桥丛书）. -- ISBN 978 - 7 - 5428 - 8405 - 3

Ⅰ. O1-49

中国国家版本馆 CIP 数据核字第 2025HG2449 号

责任编辑　赵新龙　卢　源
封面设计　戚亮轩

数学桥丛书
伊恩·斯图尔特数学游戏全集
切蛋糕与无尽的棋局
[英] 伊恩·斯图尔特　著
汪晓勤　邹佳晨　陈慧　译

出版发行	上海科技教育出版社有限公司	
	（上海市闵行区号景路 159 弄 A 座 8 楼　邮政编码 201101）	
网　　址	www.sste.com　www.ewen.co	
经　　销	各地新华书店	
印　　刷	上海中华印刷有限公司	
开　　本	720×1000　1/16	
印　　张	10.5	
版　　次	2025 年 6 月第 1 版	
印　　次	2025 年 6 月第 1 次印刷	
书　　号	ISBN 978 - 7 - 5428 - 8405 - 3/N·1253	
图　　字	09 - 2021 - 0936 号	
定　　价	45.00 元	

致　谢

感谢以下公司与个人，同意本书作者使用其图片

图 5.2—5.5　梅里森（Hans Melissen）

前　　言

有时,当我感到异常放松,并且思想开始遨游时,我就想知道:如果人人都像我这样喜欢数学,世界将会是怎样的?电视新闻将不再报道花里胡哨的政治丑闻,转而把代数拓扑学的最新定理作为头条新闻;青少年会把顶级的定理下载到他们的 mp3 中;卡里普索①的演唱者(还记得他们吗)将用吉他弹奏"引理 3"的曲调……这使我想起民歌歌手凯利 [现名凯利-布特尔(Stan Kelly-Bootle),可以在互联网上查询此人]写过的一首歌,那是 20 世纪 60 年代他在沃里克大学攻读数学专业理学硕士学位时写的。歌的开头是这样的:

引理 3 很漂亮,它的逆命题也很优雅,

但只有上帝和费马知道哪个真哪个假。

无论如何,我总把数学当作灵感和快乐的源泉。我知道它给多数人带来的纯粹是恐惧,而不是乐趣。对于这种观点,我不敢苟同。理性地说,我能理解人们普遍害怕数学的原因:当你希望用一两个吓人的空洞术语厚颜无耻地逃

---

① 特立尼达岛上当地人即兴演唱的歌曲。——译者注

避麻烦时,再也没有比一门要求绝对精确的学科更糟糕的事了。但感性地说,我很难理解,为什么一门对我们的世界如此重要、拥有如此悠久而富有魅力的历史、充满人类有史以来最辉煌见解的学科,竟未能引起人们的兴趣,未能让人们着迷。

另一方面,鸟类观察和研究者们也觉得很难理解,为什么这个世界上的其他人不能分享他们完成项目清单的热情。"我的天,那不是小凤头傻瓜①的繁殖羽吗?英国最近记录的一只小凤头是1843年在斯凯岛上观测到的,并且那一只还'犹抱琵琶半遮面'——噢,不,那实际上不过是一只尾巴上沾了泥的椋鸟而已。"无意冒犯,我自己也在收集岩石。"噢!真正的阿斯旺花岗岩!"我们的房子里满是行星的碎片。

很无奈的是,大多数人说到"数学"这个词,指的是常规的算术。如果你会做算术,那么它是很有趣的,尽管看上去有点傻傻的;如果你不会做,那么它就很恐怖。此外,不管是数学研究还是鸟类观察,如果有人手握红笔,高高在上,就等着你犯点小错,这样他们就能趁机大肆涂改,那么,你很难有什么乐趣(这里我用了比喻的说法)。毕

---

① 指小凤头燕鸥。繁殖于北非、红海、波斯湾、印度、东南亚、菲律宾、马来西亚至澳大利亚北部,邻近海洋也有分布,是一种罕见的鸟类。——译者注

竟,朋友之间一两个小数点算什么呢?但在对国家课程与年轻的亨利①的理解之间的差距中,数学的很多乐趣似乎已经如渡渡鸟一般消失殆尽。这很可惜。

我并不会声称《如何切蛋糕》②一书将对公众的数学能力产生巨大影响,尽管我认为它可能会。(至于是哪个方向上的影响……那是另一回事。)这里我试图去做的不过是为数学爱好者、数学的热情追随者写书,献给那些依然保持年轻心态、能从玩乐中获得巨大乐趣的人。盖莱尔(Spike Gerrell)令人愉悦的漫画加强了轻松的氛围,这些漫画完美地抓住了探讨的精神。

然而,本书的目的却是极为严肃的。

实际上,我曾想把书名定为《数学娱乐的武器》——在我心目中,这个书名更能准确地表达严肃与轻松之间的平衡。因此,我或许应当感谢营销部门的否决。但取现在这个蛋糕导向的书名也存在风险——有些读者可能会因想获取烹饪技术指导而买这本书。对此我申明:本书内容是具有数学性质的谜题和游戏,而不是烹饪。蛋糕实际

---

① 一个精酿啤酒品牌。——译者注
② 本书中文版将原作一拆为二,即本系列的《切蛋糕与无尽的棋局》《萤火虫与复活洗牌法》。——译者注

上就是波雷尔测度空间。

隆重伪装成……一块蛋糕。数学教给我们的并不是如何做蛋糕,而是在任意多个人之间如何公平地分蛋糕,并且——更难的是——不引起嫉妒。切蛋糕问题为资源分享的数学理论提供了简单的入门知识。和多数数学入门知识一样,专业人士喜欢称之为"玩具模型",由现实世界中的事物经过大大简化而得。但它促使你去思考一些关键性的问题。例如,它揭示了如下事实:几个竞争群体公平分配资源,当各群体对资源持有不同的价值观时,让大家都觉得公平就更容易。

与我以前出版的《游戏、集合与数学》(*Game, Set and Math*)[①]《让人着迷的数学问题》(*Another Fine Math You've Got Me Into*)[②]和《数学嘉年华》(*Math Hysteria*)[③]诸书一样,本书源于我在1987年至2001年之间为《科学美国人》(*Scientific American*)及其外文翻译版所

---

① 本书中文版将原作一拆为二,即本系列的《无穷大与衔尾蛇》《奇偶把戏与帕斯卡分形》。——译者注

② 本书中文版将原作一拆为二,即本系列的《瓷砖与缠结的数学》《树神与冒险的生意》。——译者注

③ 本书中文版将原作一拆为二,即本系列的《搬桌子与大富翁游戏》《点格棋与海盗困境》。——译者注

写的关于数学游戏的专栏文章。我对所有专栏文章均已作了适当的校订，对所有已知的错误都进行了纠正，对新发现的若干错误也已作了介绍。读者的评论放在"反馈信息"之中。我增加了若干由于杂志版面所限未能收入的材料，因此，这有点像"导演剪辑版"。从图论到概率论，从逻辑学到极小曲面，从拓扑学到准晶体，本书主题涉猎甚广。当然，还有蛋糕分配。选题主要出于娱乐价值的考量，而不是为了数学上的重要性，所以，请不要想当然地以为，本书内容完全代表了当前的前沿数学研究。

不过，本书的确反映了处于研究前沿的数学。切蛋糕这一热门问题乃悠久的数学传统——在轻松情境中提出严肃问题——的一部分，它至少可以上溯到3500年前的古巴比伦时期。所以，当你读到"电话线为何缠结"[①]时，该话题并不只是在整理话机与话筒之间乱成一团的连线时才有用。最好的数学都具有奇妙的普适性，一些思想源于某个简单问题，最终却可以用来解决许多别的问题。现实世界中，许多事物都会扭转：电话线、植物藤蔓、DNA分子以及海底通

---

① 请参见《萤火虫与复活洗牌法》，伊恩·斯图尔特著，汪晓勤、邹佳晨、陈慧译，上海科技教育出版社，2025。——译者注

信电缆。研究扭转的数学的这四大应用在许多重要方面都截然不同:如果电信工程师拿走你的电话线,并代之以一段旋花属植物的话,你当然有理由感到不安。但它们在一个重要方面也有共同点:它们都可用同一个简单的数学模型来解释。它可能并不能回答每一个问题,也可能会忽略某些重要的实际问题,但是,一旦一个简单的模型开启了数学分析之门,在其基础上就能发展出更复杂、更详尽的模型。

  这里,我的目标是将抽象思维与现实世界相结合,以激发出各种不同的数学思想。对我来说,报偿不仅仅在于获取现实问题的实用解法。主要的报偿是发展出新的数学理论。不可能在寥寥数页里就开发出数学的重要应用,但对于想象力足够丰富的人来说,却有可能欣赏从一种情境中产生的数学思想是如何出人意料地运用到另一个不同情境之中的。或许,本书中最好的例子就是"帝国"与电路之间的关联。在这里,一个奇怪且人为的地-月地图着色难题(第9章)竟在印制电路板(PCB)缺陷检测这一重要问题上大显身手(第10章)。问题的关键是,数学家们先在一个轻松的情境中(当然,并不像这里描述的那么轻松)偶遇核心思想,之后,这种思想的严肃应用才得以显露。

　　有时候，则是先有严肃的问题，数学用来处理这个问题，并至少提供了部分解答。之后人们才明白，同样的数学可以用来解决许多其他类似的问题。从某种意义上说，我们对实际应用的理解胜过对简单模型的理解。

　　除了极少数例外，每一章内容都是独立的。你可以从任何一章开始读，如果出于什么原因卡住了，你可以放弃这一章，转而去读另一章。我相信，你对于数学这门学科有多么博大，对于数学较之学校里教过的任何其他学科有多么深远，对于数学的应用范围有多么广阔，对于整个学科融为一体时会有多么强大，都将产生更深刻的理解。一切都是通过解谜题和玩游戏得到的。

　　更重要的是，拓展你的思维。

　　绝不能低估游戏的力量。

伊恩·斯图尔特

2006年4月于考文垂

目 录

第1章 你的一半大于我的一半 / 1

第2章 否定平均律 / 15

第3章 算术与鞋带 / 35

第4章 丧失的悖论 / 51

第5章 塞满圆形沙丁鱼的罐头 / 67

第6章 无尽的棋局 / 85

第7章 正方棋子和阻碍棋子 / 101

第8章 零知识协议 / 113

第9章 月球上的帝国 / 123

第10章 帝国与电子学 / 135

进阶读物 / 147

第 1 章
你的一半大于我的一半

两人欲分蛋糕，而不欲纷争，则自古以来的解决方法是"我切，你选"。在两人以上的情形，问题变得出人意料地棘手，并且人越多，问题就越棘手，除非你用一把慢慢移动的刀去切开困难……以及蛋糕。

一个大个子和一个小个子坐在火车的餐车里,他俩都点了鱼。当服务生把菜端上时,只见一条大鱼和一条小鱼。大个子先选,立即拿了大鱼;小个子抱怨说,这样做极不礼貌。

大个子不忿地问:"如果让你先选,你会怎么做?"

"我会很礼貌,拿那条小鱼。"小个子自鸣得意地说。

"很好,你已拿到了你想要的!"大个子回答。

正像这个古老的笑话所说的那样,不同的人在不同的环境中会对事物作出不同的评价,众口难调。在过去50年中,数学家们一直在设法解决公平分配问题——通常用蛋糕来说明,而不是鱼——现在已形成一套博大精深的理论。罗伯逊(Jack Robertson)和韦布(William Webb)的畅销书《切蛋糕算法》(*Cake Cutting Algorithms*)(详见进阶读物)对整个领域作了考察。在本章和本系列的《萤火虫与复活洗牌法》的第4章,我们将讨论其中的一些源于"让人人满意于自己分到的蛋糕"这一貌似简单的问题的思想。

最简单的情形只涉及两个人——重申一下——他们要分蛋糕,且都要分得自认为"公平"的一份,从而皆大欢喜。这里的"公平"是

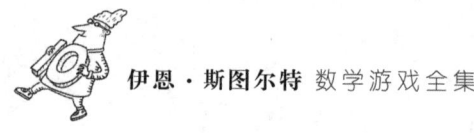

指,"在我看来要不少于一半"。分享者可能会在判断给定的任何一份蛋糕的价值时产生分歧。例如,爱丽丝喜欢樱桃而鲍勃偏爱酥皮。从分蛋糕理论中产生的一个更奇怪的观点是,当分享者对哪一份更好持有异议时,蛋糕就更好分。从上例中即可看到这一点,因为我们可以把酥皮分给鲍勃,把樱桃分给爱丽丝,两人各取所需。如果两人都想要酥皮,问题就更麻烦了。

在两个人的情形,问题并不是特别困难。"爱丽丝切,鲍勃选"这一分法可以上溯到2800年前!双方对最终结果并没什么理由好抱怨,在这个意义上说,他们都觉得结果是公平的。如果爱丽丝不喜欢鲍勃留下的那一份,那么,这是她自己的错,未能再仔细一点把蛋糕均分(据她自己的估计)。如果鲍勃不喜欢自己的那一份,那是因为他自己做了错误的选择。

在三个人的情形,这个问题开始变得有趣起来。汤姆、迪克和哈里分蛋糕,每人都想分得各自眼中的至少 $\frac{1}{3}$ 份,于是皆大欢喜。顺便一提,在所有情形中,我都假定蛋糕无限可分,尽管当蛋糕由具有一定大小的"原子"(指至少被一个参与分配者赋予了非零大小的不可分部分)构成时,该理论多半仍然成立。不过,为了简单起见,我假定原子不存在。罗伯逊和韦布试图通过分析一个似是而非的答案解决这一情形,过程如下。

第一步:汤姆把蛋糕切成为 X 和 W 两块,在他看来,X 占 $\frac{1}{3}$,W

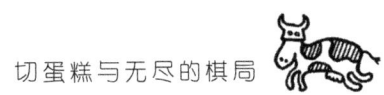

占$\frac{2}{3}$。

第二步:迪克把W切为Y和Z两块,在他看来,每一块均为W的$\frac{1}{2}$。

第三步:哈里从X、Y、Z中选择他喜欢的一块,汤姆从剩下的两块中选,迪克拿最后一块。

这种算法其实并不公平,论证过程留待读者完成。

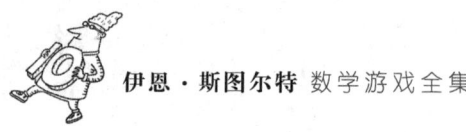

问 题

说明罗伯逊和韦布提出的算法并不公平。

公平三分问题的第一个正确解法是由斯坦因豪斯(Hugo Steinhaus)——一群定期在利沃夫的一家咖啡馆里聚会的波兰数学家之一——于1944年给出的。他的方法涉及一种叫"修剪"的技术。

第一步:汤姆把蛋糕切成 X 和 W 两块,在他看来,X 占 $\frac{1}{3}$,W 占 $\frac{2}{3}$。

第二步:汤姆把 X 递给迪克,如果迪克认为这部分超过 $\frac{1}{3}$,就将其修剪成 $\frac{1}{3}$,如果不超过 $\frac{1}{3}$,就将其置于一边。我们把所得的那块记为 X^*:它要么就是 X,要么小于 X。

第三步:迪克把 X^* 递给哈里,哈里要么接受,要么拒绝。

第四步:(a) 若哈里接受 X^*,汤姆和迪克就把剩下的蛋糕——即 W 加上从 X 上修剪下来的碎片——堆在一起,并把它看成单独一块(零乱的)蛋糕,两人采用"我切,你选"法。

(b) 若哈里拒绝 X^*,且迪克修剪过 X,则迪克取 X^*,而汤姆和哈里对剩余部分采用"我切,你选"法。

(c) 若哈里不接受 X^*,且迪克也不曾修剪 X,则汤姆取 X,迪克和哈里对剩余部分采用"我切,你选"法。

这是其中的一种答案——读者可自行验证其逻辑上的正确性。一般地说,任何一个对自己所得感到不满意的人,先前一定作出过错误的选择,或在切的时候判断失误,这种情况下,他只能怪自己了。

1961年,杜宾斯(Leonard Dubins)和斯帕尼尔(Edwin Spanier)提出一种颇为不同的需用到移动刀的解法。把蛋糕放在桌子上,从正

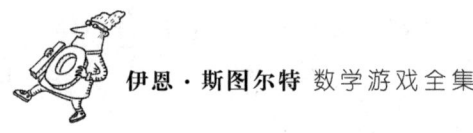

左边开始,把刀平滑地、慢慢地从上扫过。在一给定时刻,设位于刀左侧的部分为 L。要求汤姆、迪克和哈里在各自看到 L 的大小变成 $\frac{1}{3}$ 时就叫"停"。第一个叫停的人得到 L,另两人要么用"我切,你选"法来分剩余的蛋糕,要么再次移刀,等看到已切得 $\frac{1}{2}$ 时再叫停。(如果两个人同时叫停,那他们该怎么做?请思考一下吧。)

该方法最显著的特征就是它很容易推广到 n 个人的情形。移刀扫过蛋糕,让每个人一旦看到 L 的大小达到 $\frac{1}{n}$ 就叫停,第一个叫停者得 L,其余 n-1 个人对剩下的蛋糕重复上述过程;当然,现在他们是看到切得 $\frac{1}{n-1}$ 时才叫停……以此类推。

我从未特别喜欢过这个方法——我想原因是参与者的反应有一个滞后时间。或许,解决这个难题的最佳方法就是把刀移动得慢一点,很慢很慢。或者,等价的方法是,假设所有参与者都反应神速。

我们称第一种答案为"固定刀"算法,第二种答案为"移动刀"算法。对于三人分蛋糕问题,有一种固定刀算法,该算法易于推广到 n 人的情形。汤姆坐在自己的位子上,盯着"他的"蛋糕。此时迪克出现了,要分一杯羹。所以汤姆把蛋糕切成在他看来相等的两块,迪克选择其中一块。他们刚要吃,哈里到了,也要求公平分享。汤姆和迪克把自己的那块各切成相等的三块。哈里从汤姆的各块蛋糕中挑一块,再从迪克的各块中挑一块。不难看出这种"逐次配对"算法何以生效,推广到任意多个人也比较直截了当。修剪法也可以推广到 n 个人的情形:给在场的每个愿意接受自己修剪的蛋糕的人修剪一块蛋糕的机会,并且如果没有其他人想对自己的蛋糕作进一步修剪,他们不改变自己的选择。

当人数很多时,逐次配对算法需要切很多次。哪种方法所需的切割次数最少? 移动刀算法切 $n-1$ 次得到 n 块,这是你能得到的最小次数。但固定刀算法也不甘示弱。对于 n 个人,推广的修剪算法需切 $\frac{n^2-n}{2}$ 次。逐次配对算法需切 $n!-1$ 次,其中 $n!=n\times(n-1)\times(n-2)\times\cdots\times3\times2\times1$ 是 n 的阶乘。这要比修剪算法所需的切割次数更多(除了 $n=2$ 时)。

但是,修剪并不是最佳的方法。更有效的"分割与占据"算法大致如下:切一次蛋糕,使大约一半的人乐意平分其中一块,而另一半的人乐意平分另一块。分别对两块蛋糕重复同样的操作。这一算法所需的切割次数约为 $n\log_2 n$。精确的公式是 $nk-2^k+1$,其中 k 是满足 $2^{k-1}<n\leq 2^k$ 的唯一整数。有猜想说,这大概是你能得到的最佳结果了。

这些思想最终的应用或许不仅仅是娱乐。在现实生活的很多情形中,以某种看起来对每个接受者都公平的方式分割财产是很重要的,领土和商贸谈判就是很好的例子。原则上,解决切蛋糕问题的方法也能应用于这些情形。要是我们生活在一个对这种方法保持充分

理性的世界上就好了,可惜政治很少这样运作。特别是,在达成暂定的一致之后,人们的价值观又会发生变化,这样我们讨论的方法就不起作用了。

但是,理性的方法仍然值得尝试。

切蛋糕与无尽的棋局

反馈信息

我收到许多有关切蛋糕算法的来信，有的是对我所讨论方法的简化，而有的实际上是新的研究性文章。有些读者试图消除我对移动刀算法的那种模糊的忧虑。我的担忧在于反应时间这一因素。为避免该问题，一种建议是，不用移动刀，游戏者只需在蛋糕（或模型）上做记号即可——该建议通过一些往来通信而稍稍得到提炼。首先，选定一个方向（如南北向），让 n 个游戏者轮流在蛋糕的最西边划一条南北方向的直线，确保每个人都乐于接受直线西边的那部分蛋糕。（即在他们所估计的左边部分大小为 $\frac{1}{n}$ 之处。）谁的划线位于最西边，谁就切掉那部分，并退出游戏。以同样的方式继续。东西向的切割排除了时间因素，同样的思想适用于所有的移动刀算法。

表面看上去，我对移动刀算法的保留意见好像并不合理。但不久，这方面的专家，纽约大学的布拉姆斯（Steven Brams）撰文指出，要消除我原来的担忧并不容易。特别地，布拉姆斯、泰勒（Alan D. Taylor）和兹维克（William S. Zwicker）在进阶读物所列的两篇论文中分析了移动刀算法。其中第二篇论文展示了 4 人无嫉妒分配的移动刀算法，最多需切 11 刀。

然而，对于 4 人情形，用有限次切割（不论多少次）来完成的离散程序尚不为人知，这样的方案可能并不存在。当然，用蛋糕上的

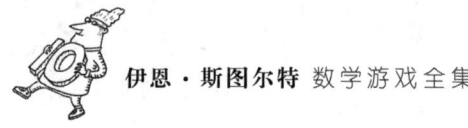

"记号",他们的方法是不可能成为离散方法的。因此,将移动刀算法简化成"记号",只在某些情形中有效——但并不是所有的情形。

答　案

显然,哈里是满意的,因为他先挑。汤姆也是满意的,不过原因稍稍复杂一些。若哈里选 X,则汤姆只能选 Y 和 Z 中他认为较大的那块(或者在他看来 Y 和 Z 大小相同)。由于汤姆认为 Y 和 Z 共占 $\frac{2}{3}$,因此,他必认为其中至少有一块占 $\frac{1}{3}$。另一方面,若哈里选 Y 或 Z,则汤姆可选 X。

然而,迪克可能对结果并不满意。如果他不同意汤姆的第一次切法,那么他可能会觉得 W 要少于 $\frac{2}{3}$,这时只有 X 能让他满意;但哈里也可选 Y,汤姆可选 X,这时迪克只能取 Z——他不想要的那一份。因此,这个算法是不公平的。

第 2 章
否定平均律

依照人们常说的"平均律",随机事件出现的次数最终都会持平。所以你该为不常出现的彩票号码赌一把吗？ 概率论给出了否定的回答。 然而,人们常常有这样一种感觉,随机事件出现的次数最终真的会持平。 不过这并不能帮你中奖。

切蛋糕与无尽的棋局

假设连续投掷一枚公平的硬币——正面和反面出现的可能性相同,概率均为 $\frac{1}{2}$——并记录每一面出现的次数。那我该如何预测这些次数呢?如果在某一阶段,正面出现的次数比反面出现的次数多得多——比如说多了100次——那么在接下来的投掷中,反面出现的次数会"赶上"正面的吗?

人们常说的"平均律",是基于这样的直觉:投掷一枚公平硬币,最终正反面出现的结果会持平。有些人甚至认为,上述情况中,掷得反面的概率一定会增加——常常以反面"更有可能"的思想来表达。另外一些人则断言,由于硬币并没有记忆,所以投掷得正面和反面的概率总是保持 $\frac{1}{2}$,因而推断,根本不存在什么数字持平的趋势。

哪一种观点是正确的呢?

在很多不同情形中,都会出现同样的问题。报纸刊登了各种彩票中奖号码出现的频率表。这样的频率表会影响你的选择吗?如果某地区平均每50年发生一次大地震,但现在有60年没有发生过了,

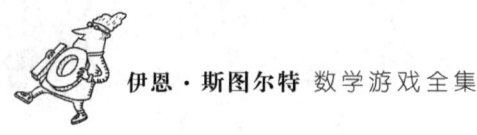

那么地震"迟到"了吗?如果平均每4个月发生一次飞机事故,而在过去的3个月里都没有发生,你会预测不久就会发生一次这样的事故吗?

在所有情形中,答案都是否定的——尽管关于地震的例子容易引起争论,因为大地震没有发生,往往是沿断层带上压力大量积聚的证据。上述例子所涉及的随机过程——或者更精确地说,这些过程的标准数学模型——并没有"记忆力"。

然而,这并不是故事的结尾。问题的解决很大程度上依赖于你对"赶上"的理解。多次掷得正面并不影响后面掷得反面的可能性,但仍然有这样一种感觉:掷硬币的最终结果会趋于持平。比如说,在掷得正面比反面多了100次之后,在某个阶段正反面次数再次持平的概率是1。正常情况下,概率为1表示"必然",概率为0表示"不可能",但在本例中,我们处理的是潜在的无穷多次的投掷,所以数学家更喜欢说"几乎必然"和"几乎不可能"。在实际应用时,你可以忘掉"几乎"一词。

同样的结论适用于任何初始的不平衡情形。即使一开始正面出现的次数比反面的多出10^{24}次,但只要你掷足够多次,反面的次数仍然"几乎必然地"追赶上来。如果你担心这与"没有记忆"的说法相矛盾,我得赶紧再加一句:人们也有这样一种感觉,即掷硬币的最终结果并不存在一种持平的趋势!例如,在正面出现的次数比反面的多出现100次之后,正面累计出现的次数最终至少比反面的多100万的概率也是1。

为了理解这些问题有多大的反直觉性,我们把掷硬币问题换成掷骰子。记下 1 到 6 各面出现的次数。假设每一面出现的概率相同,均为 $\frac{1}{6}$。刚开始时,各面出现的累计次数相等——均为 0。掷若干次后,次数开始出现差异。当然,至少需要掷 6 次,它们才有机会再次相等,即每个面出现 1 次。连续掷骰子,在某个阶段 6 面出现次数再次相等的概率是多少呢?与掷硬币出现正反面的情况不同,这个概率不等于 1。事实上,它小于 0.35;至于确切值,看后面的"反馈信息"。依据概率论里的一些标准定理,易证这个概率必定不是 1。

为什么骰子与硬币表现得不同呢?在回答这个问题之前,我们得仔细看一下掷硬币问题。掷一次硬币叫作一次"试验",我们感兴趣的是一系列可能永远持续下去的试验。掷一枚硬币 20 次,得到结果(H 代表正面,T 代表反面):TTTHTHHHHHHTTTHTTTH。一共出现了 11 个 T 和 9 个 H。这合理吗?

概率论里的大数定律给出了这类问题的回答。该定律说的是,事件发生的频率最终非常接近于它们的概率。因为掷一枚公平硬币得到正面的概率是 $\frac{1}{2}$,按照"公平"的定义,大数定律告诉我们,在所有的投掷结果中,最终大约有 50% 为正面,反面也一样。

类似地,对于公平的骰子来说,在所有的投掷结果中,最终大约有 16.7% $\left(\frac{1}{6}\right)$ 的投掷结果为 1,2,3,4,5 或 6 中的任何一个数。

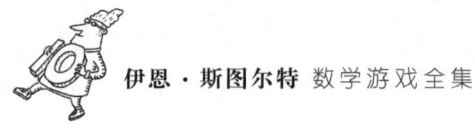

上述掷20次硬币的结果所构成的序列中,正反面出现的频率分别为 $\frac{11}{20}=0.55$ 和 $\frac{9}{20}=0.45$,两个值都接近于0.5,但都不等于0.5。你可能会觉得这个序列看上去不够随机。你可能更喜欢这样的序列:HTHHTTHTTHTHHTHTHHTT,正反面出现的频率均为 $\frac{10}{20}=0.5$。除了得出精确数值外,第二个序列看上去也更随机。其实不然。

第一个序列看上去不够随机,是因为出现了同一事件的较长重复,如TTTT和HHHHHH。第二个序列缺少了这样的重复,所以我们觉得它更随机。但我们对于随机性的直觉误导了我们:随机序列本来就应该包含重复!例如下面一组序列:

TTTHTHHHHHTTTHTTTH

考虑相邻4次投掷结果组成的事件组:

TTTT

TTTH

TTHT

THTH

……

每16次投掷中应该出现序列TTTT一次。稍后我将为大家解释原因,但首先我们来分析一下结果。上面第一个序列中,TTTT平均每17次中只出现一次——相当精确!那么,序列HHHHHH应该平均每64次中才会出现一次,而在上面的序列中,仅仅在长度为6的15组中就出现了一次——但我并没有投掷足够多次去看该序列稍后是

20

否会再次出现。总会出现某个结果,HHHHHH 与 HTHTHT 以及 HHTHTT 出现的概率是相同的。

随机序列常常呈现出偶然的模式和组块。不要为此感到惊讶:它们并不表示过程不随机……除非掷得的结果很长时间内为 HHHHHHHHHHHH…,在这种情况下,我们有理由猜测这是一个两面均为正面的硬币。

假设你连续掷 4 次公平硬币。结果会怎样呢?图 2.1 总结了所有可能的结果。掷第一次的结果要么是正面,要么是反面(概率各为 $\frac{1}{2}$)。不管出现哪种结果,掷第二次的结果同样要么是正面,要么是反面(概率各为 $\frac{1}{2}$)。不管出现哪种结果,掷第三次的结果仍然要么是正面,要么是反面(概率各为 $\frac{1}{2}$)。不管出现哪种结果,掷第四次的结果还是正面或反面(概率各为 $\frac{1}{2}$)。这样,我们得到了一棵包含 16 种可能路径的"树"。根据概率论,每条路径的概率为 $\frac{1}{2} \times \frac{1}{2} \times \frac{1}{2} \times \frac{1}{2} = \frac{1}{16}$。这看起来合情合理,因为共有 16 条路径,每条路径的可能性相同。

注意到出现 HHHH 的概率为 $\frac{1}{16}$,出现 HTHH 的概率也为 $\frac{1}{16}$。尽管 HTHH 看上去比 HHHH 更"随机",但两种情形的概率是相同的。

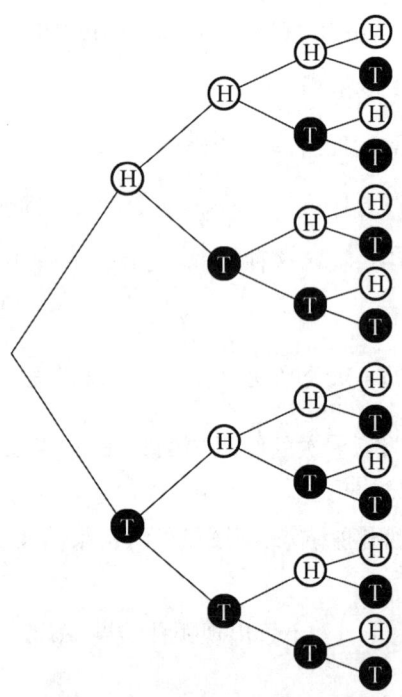

图 2.1　连续掷硬币的可能情形

掷硬币的过程是随机的,但这并不意味着结果也必须保持不规则。它们通常是不规则的——但之所以如此,是因为正面和反面构成的大多数序列都没有很多模式,而不是因为它们出现不了。

投掷 4 次硬币,平均会出现 2 次正面。这是否意味着正反面各出现 2 次的可能性很大? 非也! 由图 2.1 可见,共有 16 种不同的序列,其中仅有 6 种包含 2 个正面:HHTT、HTHT、HTTH、THHT、THTH、TTHH。因此,出现 2 次正面的概率为 $\frac{6}{16}$ = 0.375。这比正面出现次数不为 2 的概率 0.625 要低。如果序列更长,那么结果会更极端。

此类计算和试验清楚地说明,"平均律"并不存在——这就是说,独立事件将来发生的概率丝毫不受过去结果的任何影响。

然而有趣的是,人们会出于直觉,猜想正反面出现的次数最终**确实**会趋于平衡——尽管我在前文已讲过有关事实。这依赖于"平衡"一词的含义:如果你认为"平衡"指的是正反面次数最终**相等**,那你就白费心思了;但如果你认为"平衡"指的是正反面次数的**比值**最终很接近1,那就完全正确。

为理解我的意思,你可以设想通过描出每一次正反面出现次数的**差值**,绘制一张正面次数超过反面次数的图像。你可以将该图像想象为这样一条曲线:掷得正面时,往上移一步;掷得反面时,往下移一步。于是得到序列"TTTTHTHHHHHHTTTHTTTH"的随机游动①图像,如图2.2所示。

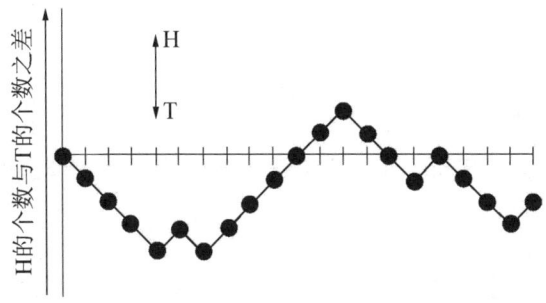

图2.2 表示正面与反面出现次数之差的随机游动

这印证了上述原理,但该图仍然会让你觉得正反面次数会相当

---

① 关于随机游动理论,可参见《火柴游戏与循环数》,马丁·加德纳著,陆继宗译,上海科技教育出版社,2020。

频繁地达到平衡。图2.3显示了掷100 000次公平硬币的随机游动,是我通过计算机模拟得到的。这里,正面比反面多了惊人的次数。数值始于第0次0位置,接下来每掷一次,要么移动+1("正面"),要么移动-1("反面"),两者概率相等。注意到从第40 000次开始,数值似乎明确地朝正值方向"漂移"。

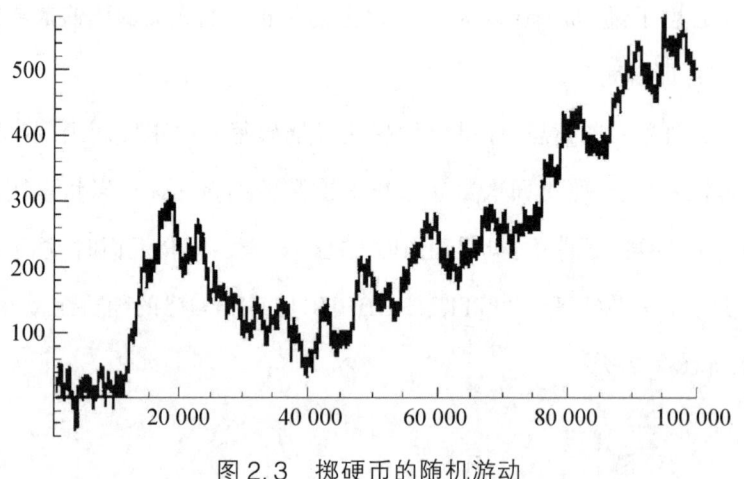

图2.3 掷硬币的随机游动

然而,这样的漂移并不表示电脑的随机数生成器出错而导致正面出现的机会比反面大。这类极端不平衡的行为完全是正常的。事实上,坏得多的行为也都是完全正常的。

为什么会这样呢？在掷了约20 000次后,该曲线到达位置300(即正面比反面多出现300次)。恰恰因为硬币没有记忆,从该时刻开始,正面超过反面的"平均"次数停留在300上下——事实上,在后面的第20 000次到80 000次投掷中,反面占了主导地位,正面超过反面的次数低于300的情形所用的时间比高于300的情形更长;但从第 80 000 次到第 100 000 次,正面又一次居于领先地位。

然而,我们可以肯定,曲线最终回到 0 位置(正反面出现次数相等)的概率是 1(必然)。可是,因为在掷了大约 100 000 次后,曲线已到达位置 500,所以回到 0 位置可能需要花很长很长时间。事实上,当电脑运行到 500 000 步时,数值游动得离 0 位置更远了。

注意到在前 10 000 次里回到 0 位置的一串数。更准确地说,曲线在掷以下各次数时回到了 0 位置:3,445,525,543,547,549,553,621,623,631,633,641,685,687,1985,1989,1995,2003,2005,2007,2009,2011,2017,2027,2037,2039,2041,2043,2059,2065,2103,3151,3155,3157,3161,3185,3187,3189,3321,3323,3327,3329,3347,3351,3359,3399,3403,3409,3415,3417,3419,3421,3425,4197,4199,4203,5049,5051,5085,5089,6375,6377,6381,6383,6385,6387,6389,6405,6465,6479,6483,6485,6487,6489,6495,6499,6501,6511,6513,6525,6527,6625,6637,6639,6687,7095,7099,7101,7103,7113,7115,7117,7127,8363,8365,8373,8381,8535,9653,9655,9657,9669,9671,9675,9677,9681,9689,9697,9699,9701,9927,9931,9933,…此后直到第 500 000 次,再也没出现回到 0 位置的次数。(这些数均为奇数,因为位置值奇偶交替出现,始于第 1 次的值偶数 0。)[①]

[①] 作者在此的说法与前文矛盾,作者在解释图 2.3 时说:"数值始于第 0 次 0 位置"。没有进行投掷时(第 0 次),曲线处于 0 位置,后面再次回到 0 位置时,投掷次数应当是偶数才对,特此提出。——译者注

情况似乎是，在掷到第 20 000 次时，正面比反面多了 300 次；硬币突然"记起"它需要掷得相同次数的反面，结果，在掷到第 40 000 次时，正面超过反面的次数降低到大约 30。但硬币为什么不早一点记起来呢？或者更迟一点呢？比如说，在掷到第 70 000 次时，正面超过反面的次数又上升到了 300，这时候硬币看起来好像完全忘记了它"应该"掷得相同次数的正面和反面。正面超出反面的次数反而开始剧烈增加。

一种"模式"是显而易见的：当曲线回到 0 位置时，我们常常看到接下来有一连串这样的回归。例如，曲线在第 543 次回到 0 位置，然后是第 547 次、第 549 次、第 553 次。在第 9653 次，曲线回到 0 位置，紧随其后是第 9655、9657、9669、9671、9675、9677、9681、9689、9697、9699、9701次。发生这一连串的回归，是因为从 0 位置出发，曲线更可能很快回到 0 位置。事实上，在两步以内，从 0 出发回到 0 的概率是 $\frac{1}{2}$。

然而，曲线最终将逃逸到离数轴很远的地方——离 0 位置想多远就多远，正方向或负方向都有可能。而出现这种情况后，曲线最终还将回归到 0 位置。但"最终"是完全不可预知的，一般来说用时会很长很长。

尽管如此，随机游动理论也告诉我们，曲线从不回到 0 位置（这就是说，正面出现的次数永远居多）的概率为 0。在这一意义下可以认为"平均律"是正确的——但如果你要赌正面出现或者反面出现的话，这并不意味着能提高赢的机会。此外，你并不清楚究竟需要经过多久才达到平衡。事实上，正反面出现次数相等需要投掷的平均次数是无穷大！因此，在目前正面出现的次数多于反面的情况下，认为在接下来的几次投掷中反面会出现更多次的想法是荒谬的。

然而，正面和反面出现的**比例**通常来说的确越来越接近50%。解释如下：假设你掷一枚硬币100次，正面和反面分别出现55次和45次——正面多10次的不平衡情形，那么随机游动理论告诉我们，如果等待足够长时间，那么平衡将会作出自我修正(概率为1)。这难道不是"平均律"吗？其实不然，这不同于人们通常对"平均律"的诠释。如果你事先选择了一个次数——比如说掷100万次——那么随机游动理论说明，这100万次投掷并不会受先前不平衡状态的影响。事实上，如果你掷一枚硬币100次之后，再试验100万次，那么在总共1 000 100次中，平均能出现500 055次正面和500 045次反面。以上述平均情况作估计，非平衡状态依然持续；然而，应注意到正面出现的频率从 $\frac{55}{100}=0.55$ 变化到 $\frac{500\,055}{1\,000\,100}=0.500\,005$，即使正反面次数之差仍然是10，但正反面的比例都更接近 $\frac{1}{2}$。"平均律"并不是通过改变非平衡状态，而是通过渐渐将其"淹没"得到证实。

然而，这并非故事的全部。目前所讲的对于认为正反面次数最终会变相等的人来说是不公平的。

根据随机游动理论，如果你等待足够长时间，正反面出现的次数最终的确会平衡。如果你在那个时刻停下来，你可以想当然地认为关于"平均律"的直觉是正确的。但是你在自欺欺人：你是在得到你所要的答案时才停下来的。随机游动理论也告诉我们，如果连续投掷足够多次，你能得到正面超过反面100万次的情况。如果在这里停止，你就会有完全不同的直觉！随机游动就是从一侧向另一侧漂移。它并不记得曾经在哪个位置，也不知道将来要移向哪个位置，它最终能漂移到你想要的任意远的位置。任何程度的不平衡最终都有可能发生——包括程度为"无"的平衡状态！

因此，一切依赖于"最终"的含义。如果事先指定了投掷次数，那么在投掷指定次数后，就无法期望正面次数与反面次数相等了；但如果能根据所得结果选取投掷次数，并且在我们乐意的时候停下来，那么正反面次数"最终"就变相等了。

前面我已提及，掷骰子的情形颇为不同。为说明原因，我们需要把随机游动概念推广到更高维的情形。例如，平面上最简单的随机游动发生在无穷大的正方形网格的顶点处。一个点从原点出发，可以向东、南、西、北方向一步步地移动，且向各方向移动的概率均为 $\frac{1}{4}$。图2.4给出了一条典型的路径。在正方体网格上进行的三维随机游动与此相类似，但有六个方向——东、南、西、北、上、下——其概率各为 $\frac{1}{6}$。

同样可以说明，对于二维随机游动，路径最终回归到原点的概率是1。以参与发明氢弹而闻名的乌拉姆（Stanislaw Ulam）证明了三维

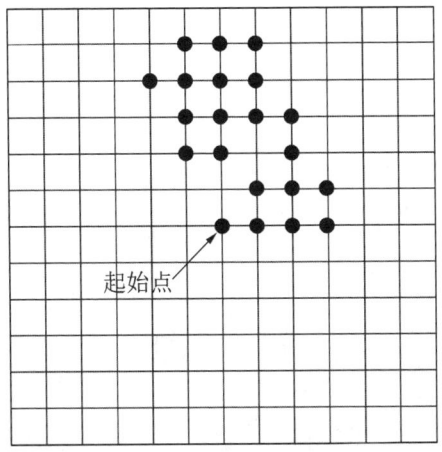

图 2.4 二维随机游动

情形有所不同,三维中最后回到原点的概率为 0.35。因此,如果你在沙漠里迷了路,不管你怎么走,最终都可以到达绿洲;但如果你在太空迷了路,同样随意走,却只有大约 $\frac{1}{3}$ 的机会回到你的母星。

问　题

运用随机游动理论解释骰子的 6 个面出现次数再次相等的概率小于 0.35。

甚至最简单的一维随机游动都有很多反直觉特征。假设你事先选择了一个很大的投掷次数,比如说100万,观察正面还是反面出现的次数多。平均来说,期望正面出现次数多的比例是多少呢?人们自然会猜测是 $\frac{1}{2}$。实际上,这是可能性最小的比例。最有可能的比例为极值:整个过程中,正面始终领先,或从未出现! 更多信息参阅费勒(William Feller)的《概率论初步及其应用》(*An Introduction to Probability Theory and Its Applications*)一书。

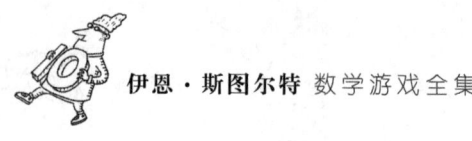

反馈信息

费勒的书中说,在正方形网格上所进行的二维随机游动中,最后回到原点的概率是 1,但在立方体网格上所进行的三维随机游动中,最后回到原点的概率小于 1,约为 0.35。好几个读者都曾指出,费勒书中给出的数并不很正确。旧金山的吉尔布里奇(David Kilbridge)告诉我,英国数学家华生(George N. Watson)于 1939 年给出的概率值为

$$\frac{1}{[3(18+12\sqrt{2}-10\sqrt{3}-7\sqrt{6})(K(2\sqrt{3}+\sqrt{6}-2\sqrt{2}-3))]^2}$$

其中 $K(z)$ 表示模为 z^2 的第一类完全椭圆积分的 $\frac{2}{\pi}$ 倍。

如果你对此一无所知,那么你很可能也不想知道。椭圆函数是对正弦和余弦函数这样的三角函数的经典推广,一个世纪前非常流行,现在它在许多语境中仍然十分有趣。然而,现在的大学本科数学课程中很少教这个函数。

这个数的近似值是 0.340 537 295 51,相比费勒给出的 0.35,它更接近于 0.34。

吉尔布里奇也算出了我的"掷骰子最后持平"问题的答案:骰子持平的概率约为 0.022。对于含 2、3、4、5 个面的"骰子",类似的概率为 1、1、0.222、0.066。

本书日文译本编辑田中(Yuichi Tanaka)利用计算机算出了在四维超立方体网格上所进行的随机游动最终回到原点的概率。在运行了 3

天后，程序给出了近似值 0.193 201 673。 是否存在类似于华生公式的公式呢？ 读者中有椭圆函数的专家吗？

答　案

假设我们按骰子的6个面,给三维随机游动的6个方向贴上标签:北=1,南=2,东=3,西=4,上=5,下=6。重复掷骰子,掷得骰子的一面时,就按给定方向在格子上移动。该试验中,"回到原点"意味着1和2、3和4、5和6出现的次数分别相等。因此,这种情形最终发生的概率为0.35,而"6个数字出现的次数相等"这个条件更强,因而其概率要小于0.35。

第 3 章

算术与鞋带

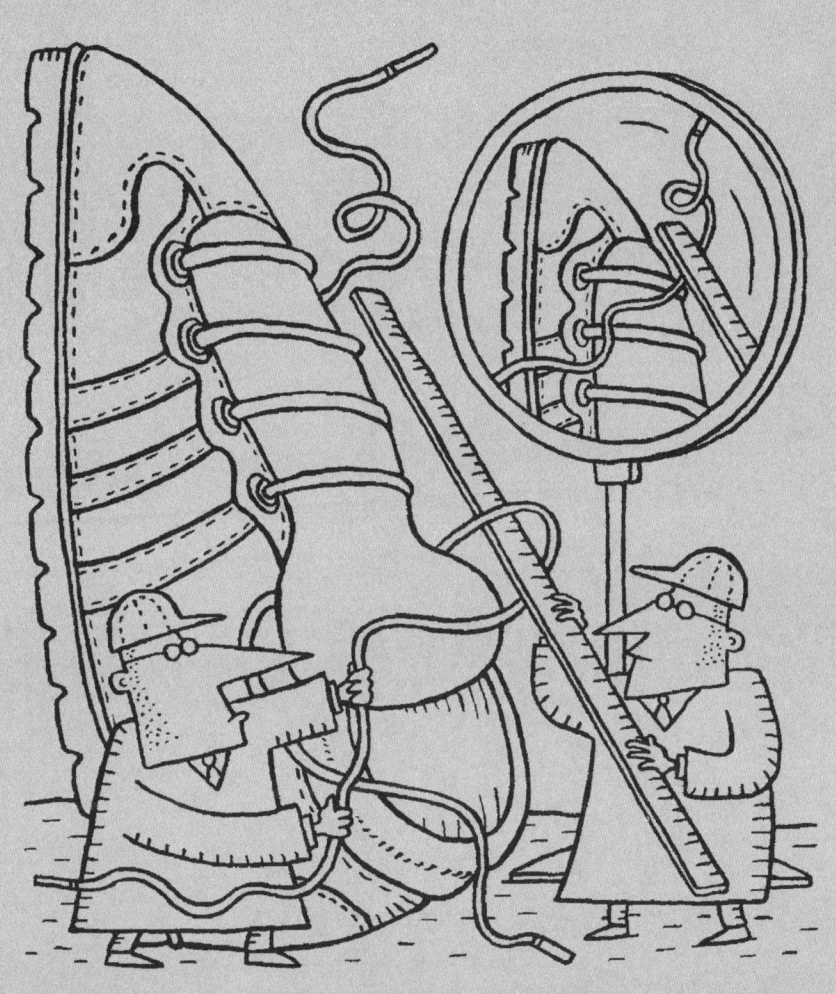

用哪种方法系鞋带使用的鞋带最短？从一个简单的模型得出了一些引人注目的几何学知识，并且提供了确切的答案……当然是排除了各种实际考量后的答案。不仅如此，这一切还是由镜子来完成的。

 切蛋糕与无尽的棋局

什么是数学？一种绝望的说法是，数学就是数学家所做的事。与此相同的说法是，一名数学家就是做数学的某个人。这种巧妙的逻辑循环并没有清楚地说明一门学科和它的从业者。若干年前，我灵光一闪，忽然想到：一位数学家就是某个看到了别人所看不到的研究数学机会的人，正如一位商人就是某个看到了别人所看不到的商机的人。

为了把意思讲得更清楚一些，我们来考虑鞋带。从鞋带中能抽象出数学原理的可能性并不广为人知，但北卡罗来纳大学计算机科学系的哈尔顿（John H. Halton）在《数学信使》（*The Mathematical Intelligencer*）上写的"鞋带问题"（The shoelace problem）一文让我知道确有其事。

如图3.1所示，至少有三种常见的系鞋带方法：美式"之"字形系法，欧式直系法（用来形容一个人过于刻板或保守的词语"strait-lace"即源于此，不过指的可能是衣服而不是鞋子），还有鞋店的速系法。从购买者的角度看，系鞋带的风格在外观和所需时间上会有差异；从鞋子制造商的角度看，他们关心的问题是哪种系法所需要的鞋带最短——因而也最省钱。本章中我将从制造商的角度来考虑问题，不过读者可以对上述系鞋带法的复杂性给予衡量，然后决定哪种方法系起来最简单。

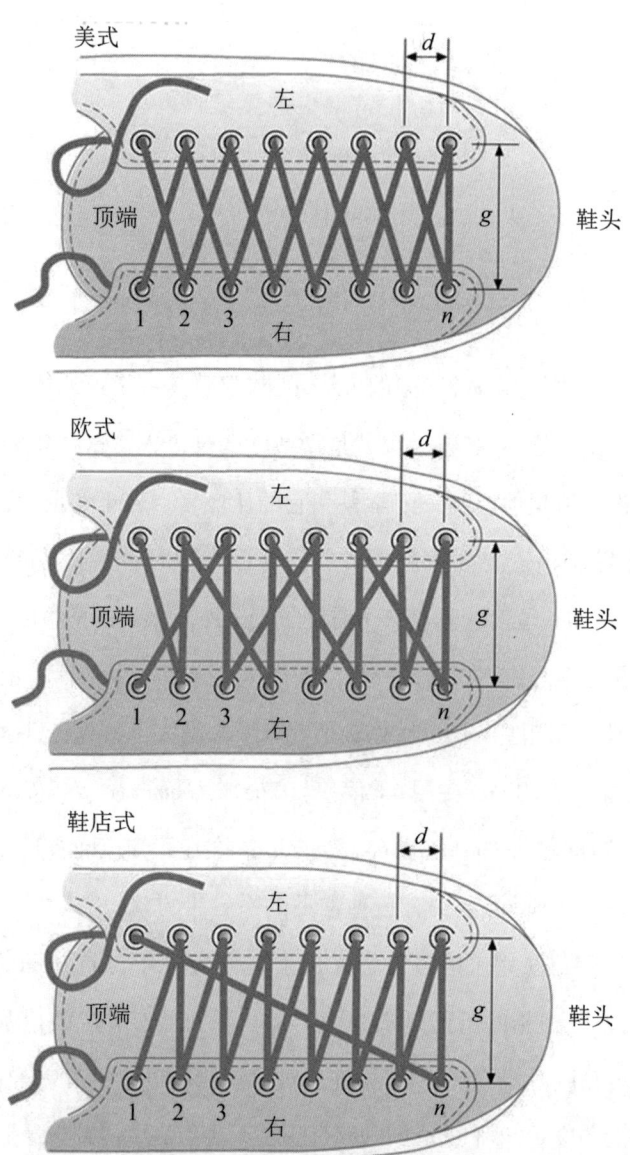

图3.1 三种常见的系鞋带方法

参数 n（孔的对数）、d（相邻两孔之间的距离）和 g（相对两孔之间的距离）也已标示出

当然,鞋匠不会仅仅局限于图中所示的三种系鞋带的方法。我们可以问一个更难的问题:在所有可能的方法中,哪种方法需要的鞋带最短?哈尔顿的巧妙方法也回答了这个问题——在若干假设之下,经过通常的诸如"鞋带无限细"这样为数学建模所作的简化设定之后的回答——我将在本章接近末尾处指出这一点。

我只关注位于图3.1左边的顶端两个孔眼之间的鞋带部分的长度——也就是用直线段表示的部分。系一个蝴蝶结所需要的额外长度对于每一种系法来说都是一样的,所以可以忽略不计。我使用的术语是按穿鞋者看到的情形来确定的(所以我刚才使用了"顶端"这个词),因此图中较高一排的孔眼位于鞋子的左边,而较低一排则位于鞋子的右边。我也将把问题理想化:鞋带是没有厚度的数学上的线,孔眼是数学上的点。此处做出的主要假设是系鞋带是交错进行的,即鞋带在左右孔眼中交替穿过。如果该假设不成立,也可以计算;但为了简化分析,我们只局限于交替系法。

采用硬来的办法,鞋带的长度可以根据3个参数来计算:

- 孔眼的对数 n;
- 相邻孔眼之间的距离 d;
- 左右对应孔眼之间的距离 g。

利用毕达哥拉斯定理(人们会好奇这位伟大人物会对这个特殊应用作何评价),不难算出图3.1中各种系法所需的鞋带长度,如下。

美式:$g+2(n-1)\sqrt{d^2+g^2}$;

欧式:$(n-1)g+2\sqrt{d^2+g^2}+(n-2)\sqrt{4d^2+g^2}$;

鞋店式:$(n-1)g+(n-1)\sqrt{d^2+g^2}+\sqrt{(n-1)^2d^2+g^2}$。

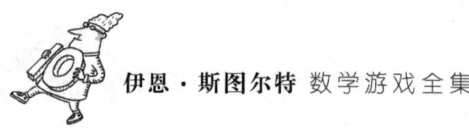

问　题

利用毕达哥拉斯定理补充 3 种长度的计算过程。

哪种最短？为便于论证，如图 3.1 所示，假设 $n=8, d=1, g=2$。通过简单的算术可以算出各种系法的长度。

美式：$2+14\sqrt{5} \approx 33.305$；

欧式：$14+2\sqrt{5}+6\sqrt{8} \approx 35.443$；

鞋店式：$14+7\sqrt{5}+\sqrt{53} \approx 36.933$。

在该情形中，最短的是美式的，其次是欧式的，最后是鞋店式的。我们能肯定这个结论在任何情况下都成立吗？或者，它是否取决于 n, d, g 的值？

根据上述公式，运用高中代数知识即可得出：只要 d 和 g 不为 0，n 不小于 3，那么最短的总是美式的，其次是欧式的，最后是鞋店式的。如果 $n=3$，而 d 和 g 不为 0，美式仍然是最短的，但欧式和鞋店式一样长。如果 $n=2$，那么各种系法都一样长，但只有数学家才会关心最后三种情形。

然而，这种方法很复杂，并且还不能说明是什么因素导致不同系法具有不同的效率。

哈尔顿并没有使用复杂的代数方法。他发现，利用一个很巧妙的几何技巧就能确定无疑地证明美式系法是三者之中最短的；稍稍再费点力，对该技巧作一些变动，也可以清楚地证明鞋店式系法是最长的。哈尔顿的灵感来自光学，即光线传播的路径。

很久以前数学家就已发现，运用仔细选定的反射来扳直曲折的光线，使对照更简单，可以让光线的几何特征变得更直观——如果讨论光的时候可以使用这个词的话。①

例如,为了在镜面上推导经典的反射定律——反射角等于入射角,考虑由两条光线组成的路径:一条射向镜面,一条弹离镜面。若将第二段路径反射到镜中(图3.2),则所得结果就是一条穿过镜子正面进入爱丽丝镜中世界的路径。最短时间原理是费马(Pierre de Fermat,就是那个"费马大定理"的提出者)提出的光线的一个普遍性质。根据该原理,光线必须在最短时间内到达目的地。本例中,这意味着它就是一条直线。这样,图中所示的镜角等于入射角,显然它也等于反射角。

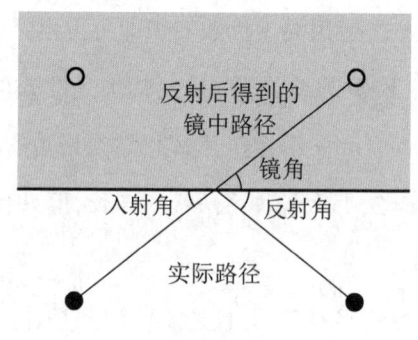

图3.2
通过将光线路径反射到镜中,由费马最短时间原理可以导出反射定律

图3.3给出了所有三种系法的几何表示,这是哈尔顿推广上述视觉反射技巧后推导出来的。需要对该图做点解释。它包含2n行孔眼,水平方向上相邻两孔之间的距离为d,相邻两行之间的竖直距离为g。为了缩小图形尺寸,我们已将g的值从2(如图3.1所示的

---

① 此处为作者的一个双关,"直观"的原文为"transparent",本义为"透明的"。——译者注

尺寸)缩小到 0.5。本方法对于 d 和 g 的任何值都是适用的,故这样做不会产生什么影响。

图中第一排表示左排孔眼,第二排表示右排孔眼,以后各排交替表示左排孔眼和右排孔眼,从而奇数排表示左排孔眼,偶数排表示右排孔眼。

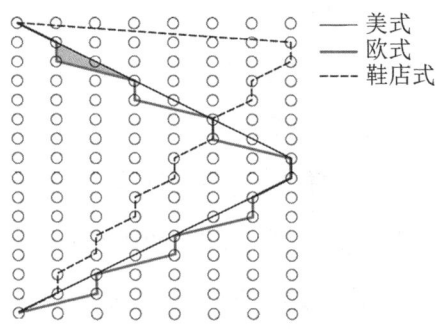

图 3.3 由相继反射得到的三种系法的几何表示
这里显示的是 $d=1,g=0.5$ 的情形。考虑图中阴影部分的三角形,显见美式系法比欧式系法要短

图中蜿蜒穿行的多边形路径对应三种不同的系法——但对之施加了"扭转"效果。从一种系法的左上孔眼出发,在图中前两排之间作线段,对应于从鞋子的左边到右边。接下来,在第二和第三排之间作下一条线段,而不是像真正的鞋子那样从第二排返回到第一排。每遇孔眼,按同样的方式依次反射每条线段的物理位置。(注意经过两次这样的反射之后,线段就会和它原来的位置平行,但位置要比原来低两排,后面与此相仿。)实际上,两排孔眼为镜子所取代。这样,鞋带就不是在两排孔眼之间往返穿行,而是恒定地往下移动,一次移

动一排;而水平方向上的移动则准确地重复了沿着每种系法相应的孔眼的移动。

因一条线段的反射并不改变它的长度,故这种表示法的路径长度与相应系法的鞋带长度完全相等。这种表示法的另外一个好处是,很容易对美式系法和欧式系法作出比较:在有些地方,两者是彼此重合的,但在其他所有地方,美式系法经过一个三角形(其中之一在图中以阴影部分表示)的一条边,而欧式系法则经过该三角形的另两边。由于三角形任意两边之和大于第三边(即两点之间直线段最短),因此美式系法所需的鞋带长度显然更短。

鞋店式系法的鞋带比欧式系法的鞋带长,这个事实并不那么显而易见。要得到这一事实,最简单的办法就是从两条路径中同时减去所有竖直线段(每条路径各有 $n-1$ 条竖直线段,其长度是一样的)以及长度相等的两条斜线段,结果如图 3.4 所示。然后过 V 形尖端的竖直轴作反射,把每条 V 字形路径扳直,那么最终易见,鞋店式系法的路径要长一些,原因同样是三角形两边之和大于第三边。

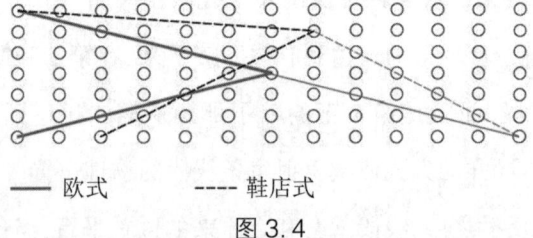

—— 欧式　　---- 鞋店式
图 3.4
去掉鞋带相同的部分,沿垂直方向上的轴反射,可以看出鞋店系法比欧式系法要长

　　对于鞋带问题,图形表示与反射方法的巧妙结合,不仅仅能够比较几种特殊系法的鞋带长度。哈尔顿利用这些技巧还证明了美式系法所需鞋带长度是所有可能的系法中最短的(证明可以在他的文章中找到)。更一般地,鞋带和费马式的光学在测地术(各种几何上的最短路径)的数学理论中也结合了起来。在那里,反射技巧得到了发扬光大。爱丽丝的镜中世界不仅证明了美式鞋带系法的优越性,还使物理学的许多基本问题大白于天下。

反馈信息

一些读者对美式系法使用的鞋带最短这个结论提出质疑。若鞋带交替穿过左右两边孔眼，则结论正确；若去掉该假设，则可得更短的鞋带——虽然出于现实原因，需要更结实的鞋带系法。来自德州达拉斯市的爱德华（Frank C. Edwards）发现了两种 n 为偶数时更短的系法，长度均为 $(n-1)(g+2d)$。如图 3.5 所示，为清楚起见，若干部分画成弯曲状。当 $n=8$, $d=1$, $g=2$ 时，长度为 28，而美式系法的长度为 33.3。

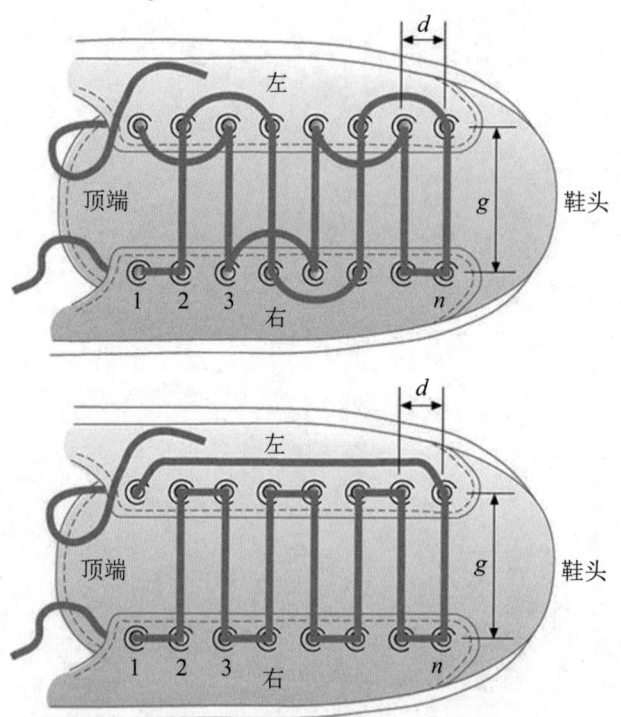

图 3.5 鞋带不交错穿过两边、胜过美式的系法

第二种系法是由加州圣巴巴拉市的梅利亚-史密斯（Michael Melliar-Smith）、圣地亚哥市的沃利特（Stephen Wallet）和另外好几个人一起提出来的。据安大略省滑铁卢市的艾瑟诺（Neil Isenor）回忆，20世纪50年代一位军校室友曾告诉过他同样的方法。不列颠哥伦比亚省温哥华市的里德（William R. Read）告诉我：

> 作为一名加拿大步兵，我在二战中曾经被要求用同样的方法来系我的靴子。这种方法叫"加拿大直系法"。我这里还有一种 n 为奇数时的类似系法。

不列颠哥伦比亚省纳尔逊市的罗兹（Maurice A. Rhodes）一语双关地写道：

> 虽然我说的是无心快语，并且也不是有意和作者过不去，但是，如果我不对这些说法提出反驳，那么我用的就是直系法了……或许我能硬塞进另一种观点。这种方法可以上溯到苏格兰人，作者是否在数典忘祖？

也许我该解释一下,尽管我叫伊恩·斯图尔特,但我能追溯到的最早的苏格兰祖先是我的曾曾曾祖父,一位名叫普弗斯(Purves)的船长,他葬在坎特伯雷大教堂。罗兹解释说:

> 加拿大皇家军事学院的飞行学员在20世纪40年代后期曾被传授过同样的系法。加拿大皇家海军的海员们也用同样的方法来系靴子,因为只要海员用刀割去露在外面的鞋带……就能很容易地脱掉鞋子,从而避免溺水。加拿大皇家空军和陆军也使用这种系法,因为这样可以快速把鞋子从受伤的脚上脱下来。

而温哥华的唐纳德·格雷厄姆(Donald Graham)则告诉我,他10岁的女儿妮克尔(Nicole)第一次要把新鞋带穿进运动鞋时,就独立发明出了这种系法。

答　案

3种鞋带系法所需的鞋带长度计算过程

美式：

　　美式系法共包含1条竖直线段和$2(n-1)$条斜线段，根据毕达哥拉斯定理，每条斜线段的长度为$\sqrt{d^2+g^2}$，竖直线段的长度为g，所以鞋带总长度为$g+2(n-1)\sqrt{d^2+g^2}$。

欧式：

　　欧式系法共包含$n-1$条长度为g的直线段，2条长度为$\sqrt{d^2+g^2}$的斜线段，$n-2$条长度为$\sqrt{4d^2+g^2}$的斜线段，所以鞋带总长度为$(n-1)g+2\sqrt{d^2+g^2}+(n-2)\sqrt{4d^2+g^2}$。

鞋店式：

　　鞋店式系法共包含$n-1$条长度为g的直线段，$n-1$条长度为$\sqrt{d^2+g^2}$的斜线段，1条长度为$\sqrt{(n-1)^2d^2+g^2}$的斜线段，所以鞋带总长度为$(n-1)g+(n-1)\sqrt{d^2+g^2}+\sqrt{(n-1)^2d^2+g^2}$。

第 4 章

丧失的悖论

从本页开始直到本章结束，所写的一切都是一个谎言。因此本页所写的也是谎言，从而它不是谎言；如果这不是谎言，那么一切是个谎言……哎哟。"说谎者悖论"困扰了古希腊人，今天它仍然有充分的理由引起麻烦。然而，另一些著名悖论却经不起仔细推敲。

切蛋糕与无尽的棋局

数学上最具争议的基本问题存在于逻辑领域,这些问题看起来直截了当,事实上却充满陷阱。数理逻辑的一大烦恼是存在简单而又令人困惑的悖论。用日常用语来说,悖论就是似是而非,或者似非而是的结论。

例如,人们广泛认为,"21 世纪始于 2000 年"是正确的,但实际上却是错误的。(1 世纪始于 1 年,而非 0 年,因为并不存在 0 年。加上 2000,21 世纪就始于 2001 年,这才是正确的,这也是电影《2001:太空漫游》不取名为《2000:太空漫游》的原因。)还有数学上的巴拿赫-塔斯基悖论(Banach-Tarski Paradox):一个单位实心球能切成有限块碎片,将这些碎片进行重组,可得两个单位实心球。这看起来显然是错的,因为经过重组后体积应该保持不变……但所涉及的"碎片"太复杂,以至连定义良好的体积都没有。但我离题了。

从数学角度看,这些都是相对较弱的悖论——它们可能会迫使我们在某些问题上改变原有观点,但并不会迫使我们改变思维方式。最深刻的逻辑悖论乃是自相矛盾的命题。其中最简单的一个例子是"这句话是谎言"。如果该命题是对的,那么它就是错的;如果该命题

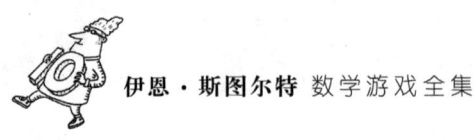

是错的,那么它又是对的。郁闷啊!

这类悖论迫使数理逻辑学家在定义他们所谈论的话题或可以处理的事情上变得小心谨慎。罗素(Bertrand Russell)的"理发师悖论"就是其中一例。在某个乡村,有个理发师只给不为自己刮胡子的人刮胡子。谁给理发师刮胡子呢?现实世界里有很多方法可以规避这个问题,例如,我们这里所谈的是刮胡子呢,还是刮腿毛呢,还是其他什么东西呢?理发师是女性吗?这样的理发师真的存在吗?

在数学上,解决这些悖论的简单方式是不可得的,罗素悖论的一个叙述得更仔细的版本使得弗雷格(Gottlog Frege)毕生的心血毁于一旦。弗雷格设法把整个数学建立在集合的逻辑性质之上。**集合**是对象的聚合,称该集合**包含**每一个这样的对象。例如,由 0 到 10 之间所有偶数构成的集合包含了对象 0、2、4、6、8、10,除此以外再没有其他对象了。弗雷格假定任何明显可感知的数学性质定义了一个集合,它包含了确实具有这种性质的所有对象。但罗素却提出了一个集合,使得弗雷格的理论无法自圆其说。

罗素悖论

考虑这样的一个集合(记为 X),它的定义是"由不包含自身的所有集合构成的集合"。这是一条显然合理的性质。某些集合(如所有集合构成的集合)的确包含它们自身。另一些集合(如上述偶数构成的集合)并不包含它们自身(我们所考虑的并不是 0 到 10 间的一个偶数——这是一个**集合**，而不是一个数。）

"很好，"罗素说，"集合 X 包含它自身吗？"

~~~~~~~~~~~~~~~~~~~~~~~~~~~~~~~~~~~~~~

如果 X 包含 X，那么 X（作为 X 的元素）满足集合定义中不包含自身的性质，因此 X 不包含 X。

然而，如果 X 不包含 X，那么 X（作为一个集合）满足定义所说不包含自身的性质，因此 X 的确包含 X。

麻烦了！

在数学和逻辑学文献中有许许多多的悖论。其中一些悖论经得起仔细推敲，而一旦它们经受住了推敲，就会揭示逻辑思维的局限性（失而复得的悖论）。包括趣味数学中的传统悖论在内的另外一些悖论却不怎么经得起推敲（丧失的悖论）。还是说并非如此？这里是我对其中一些悖论的看法，不过你可以不同意我的观点。如果是这样，那么让我们求同存异。请不要写信或发邮件为你的案例进行争辩——光阴宝贵啊。

我的第一个悖论涉及生活和从教于公元前 5 世纪的古希腊律师普洛泰戈拉（Protagoras）。他和他的一名弟子约定，弟子在打赢第一场官司后付给老师学费。但弟子始终没有接到任何官司，最后普洛泰戈拉扬言要把弟子告上法庭。普洛泰戈拉认为无论法庭怎样判决，他都稳操胜券：如果法庭判他赢，那么弟子就得向他付学费；如果法庭判他输，那么按照协定，弟子还是得付给他学费。但那位弟子恰恰用另一种方式来辩论：如果普洛泰戈拉赢，那么按照协定，弟子无须付学费；如果普洛泰戈拉输，那么弟子自然就不用付学费了。

虽然这个悖论很有意思，但我觉得它是经不起推敲的。两个诉讼人都在偷梁换柱——一会儿假设协议有效，一会儿又假设法庭的判决可以推翻协议。**但为什么要把这类问题诉诸法庭呢？**因为法庭的工作就是解决合同中模棱两可的地方，如果需要，就判定合同无效，然后告诉你做什么。因此，如果法庭判定弟子付学费，那么他就得付；如果法庭说他不用付，那么普洛泰戈拉就站不住脚了。从法律上说，法庭的判决凌驾于合同之上。悖论丧失了。

一个深刻得多的悖论归功于法国逻辑学家理查德（Jules Richard），提出于1905年，以下是其中一个版本。在英语中，某些句子定义了正整数，而另一些句子则不能。例如，"独立宣言发表的年份"定义了1776这个数，而"独立宣言的历史意义"就没有定义一个数。那么以下这句话又如何呢？"The smallest number that cannot be defined by a sentence in the English language containing fewer than twenty words"（不能用少于20个单词的英文句子定义的最小数）。注意，不管这个数是多少，我们刚刚用含有19个单词的英文句子定义了它。哎哟。

这一次情况如何呢？显然唯一的解决办法是判断所给句子是否根本就没有定义一个数。然而，它应该定义了一个数。如果我们承认英语含有限个单词，那么由少于20个单词组成的句子的数目也是有限的。例如，如果有99 999个单词，那么至多有$20^{100\,000}-1$个长度

不超过20个单词的句子。(增加一个空白单词,共得100 000个单词,于是可以将所有更短的句子都囊括其中;-1就是去掉其中空白的句子。)当然,这些句子中有相当一部分是没有意义的,有一部分虽然**确实有**意义,但事实上并没有定义正整数——这意味着我们只需考虑更少的句子。这些句子定义一个由正整数构成的有限集。由数学上一个标准定理可知,存在唯一一个不属于此集合的最小正整数。因此,从字面上来看,上面的句子的确定义了一个正整数。

但是,它当然不能定义一个正整数。

诸如"乘0得0的数"这种定义的模糊性并不能让我们脱离逻辑上的困境。任何模棱两可的句子我们都要排除掉:通过"定义",我们当然需要一个明确的结果。那么,上面这个给我们造成麻烦的句子是模棱两可的吗?并非如此。这个句子的麻烦并不在于它不能**唯一**定义一个数,而在于它根本没有定义一个数。它看起来似乎定义了一个数——但如果这样一个数存在的话,它在逻辑上是自相矛盾的,因此,这个句子不能定义一个数。如果我们考虑另外一个类似的句子——"The smallest number that cannot be defined by a sentence in the English language containing fewer than nineteen words"(不能用少于19个单词的英文句子定义的最小数),问题就不复存在了。因此,理查德悖论告诉我们语言在描述算术时具有局限性这一深刻的道理,即:从语言陈述的形式来判断它是否有意义并非易事。悖论失而复得。

一个更有趣的悖论是"意外考试"。教师告诉全班,下周的某天(周一到周五)将会有一次考试,时间出人意料。这听上去似乎合情

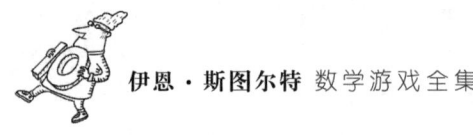

合理:老师可以选择任意一天,并且学生没有办法预测是哪一天。可是,学生们却作了如下推理:考试不可能在周五进行,因为,如果在星期五,那么一旦过了周四还没有考试,我们就知道考试一定是在周五进行,因而并无意外可言。但一旦把周五划去,我们就按一周四天(周一到周四)来进行推理。同理可得,考试也不可能在周四进行。以此类推,考试也不可能在周三进行,因而也不可能在周二进行,也不可能在周一进行——因此,不可能有一次意外的考试。

然而,如果教师把考试安排在周三,学生实际上不可能提前知道。因此,其中的逻辑有点古怪。这是丧失的悖论还是失而复得的悖论呢?我觉得这是一个看上去像悖论,实际上却不是悖论的很有趣的例子。它有一个显然正确却完全没意思、逻辑上等价的陈述:假设每天早上学生都会自信地宣布"考试在今天进行",最终在真的考试的那一天,他们也这样宣布,此时,他们就可以说考试并不意外。

我没看到过对于上述策略的除称其为作弊之外的任何异议。它能奏效的原因是:如果每天都期望意外发生,你当然就不会觉得意外了。我的观点是,所谓的意外考试悖论不过是这一显而易见的策略披上了神秘外衣而已。(我曾和足够多的不同意我观点的数学家辩论过,更不必说和其他人辩论了,所以我知道存在意见分歧的空间。)这并不是一个显而易见的谎言,因为一切都是通过直觉而不是具体实践得到的,但实际上这是由一个等价的谎言伪装起来的。

现在把条件加强,每天早上在学生上学之前,让他们说说,是否觉得当天有考试。为了让学生可以推出考试不可能在周五进行,他们必须承认，自己可以在周五早上宣布"考试会安排在今天"。周四、周三、周二、周一也一样。因此，他们一共可以说五次"考试会安排在今天"——每天一次。公平得很：如果每天都允许学生改变自己的预测，那么最终他们都能猜对。

如果我们把条件再加强一点，让学生的策略无效化，悖论还是一样的。例如，假设只允许学生预测一次。如果到了星期五，他们还没有提出预测，那么此时他们确实就能够作出预测了。但如果他们已经作过猜测，事情就麻烦了。然而，他们不能一直等到周五才作出猜测，因为考试可能在周一、周二、周三、周四进行。事实上，就算允许他们猜四次，他们仍然会遇到麻烦。只有在允许猜五次的情况下，他们才能正确预测考试的那一天。

假设我出示五个盒子，其中一个装有一大笔钱，而其他四个都是空的。如果你有办法只用一次猜出装钱的盒子，我会肃然起敬；但如果你的方法要求猜五次，那我可就不屑一顾了。你或许会直接用掉五次机会，依次猜每一个盒子。你也可能一次猜一个盒子——指到第一个盒子，打开它，如果它是空的，就指到第二个盒子，依次类推。不管用哪种方法，当你最后猜到正确的盒子时，我相信没有任何人会有一丝惊讶。简言之，我认为，前文中的学生所做的实际上只不过是这种稀松平常的"预测"的一种伪装版本而已。

事实上，这里我是在暗示两件事。其中不太有趣的一件事是这个"悖论"有赖于我们对"意外"的理解；而更有趣的一件事则是，无论"意外"指的是什么，我们都有两种逻辑上等价的方法来陈述学生

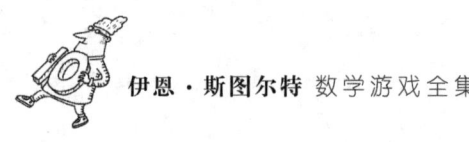

的预测策略。第一种乃是通常所用的提出谜题的方法,这种方法似乎揭示了上述策略是真正的悖论;另一种方法则根据实际而非假想的行动呈现,它让该策略变成了正确而平凡的事,完全破坏了其成为悖论的基本条件。

切蛋糕与无尽的棋局

问　题

如果你还是不信服,我们可以再增加一个对教师有利的条件,使得"意外考试"这一悖论的丧失看起来更加明显:假设学生的记忆力很差,他们第一天晚上为考试所做的准备工作到了第二天晚上就全忘了。在这种情况下,"学生对考试时间完全不会感到意外"这一说法还站得住脚吗?

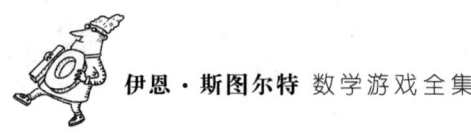

反馈信息

有好几位读者提醒我注意大卫·博温（David Borwein，西安大略大学）、乔纳森·博温（Jonathan Borwein）和马雷夏尔（Pierre Maréchal）发表在《美国数学月刊》（*American Mathemetical Monthly*）上的一篇很吸引人的文章。作者们给"意外"定义了一个尺度，并且提出了教师应当采取什么策略以使"意外"最大化的问题。他们得出结论，考试日期应随机选取，选择星期几的概率遵循精确的模式。（他们允许一周的天数为任意正整数。）在一周的早期，概率大致保持不变，但在最后几天里，概率迅速增大，到了最后一天，概率达到最大。因此，即使你不同意我的观点，认为考试不可能完全意外，但仍有可能给出其意外的程度。

抱歉，我还没有算出，如果考生看过两位博温和马雷夏尔的文章，那么意外的程度会产生什么变化。

堪萨斯州立大学的伯克尔（R. B. Burckel）寄来了理查德悖论的一个解答。

回顾一下，理查德悖论讲的是"不能用少于20个单词的英文句子来定义的最小数"。不管这个数是多少，此短语使用了一个含有19个单词的英文句子来定义它。然而，看起来这个数一定存在：列一个由不多于19个单词组成的短语的清单(必为有限个),去掉不能唯一定义一个数的那些短语,然后取最小数。但这个论点还存在问题:它并没有对清单本身作出很好的定义,正如理查德于1906年在《数学学报》(Acta Mathematica)发表的一篇论文中所指出的那样。用一个例子表明该缺陷,清单应包括下面的两个短语:

- 下一条表述所定义的数(若能定义一个数)或零(若不能定义一个数)。(The number named in the next expression, if a number is named there, and zero if not.)

- 1加上上一条表述所定义的数。

上面两个短语似乎分别明确定义了一个数,故应留在清单中。但两者合在一起是相互矛盾的。注意到这里短语在清单中的顺序对结果是有影响的——该问题不过冰山一角而已。因为没有定义好清单,自相矛盾的短语并不能定义唯一的数,因此这便成了一个丧失的悖论。就算强调所有短语构成的自指网络都是不明确的并将其从清单中删除,也不可能将悖论复原。改变清单也就改变了网络的自指性,因此,并没有一致的获得明确清单的方法。

切蛋糕与无尽的棋局

答　案

　　如果真的如学生所说,考试并不意外,那么他们应当能够在功课上偷偷懒。他们只需等到考试前一天的晚上,然后临时抱佛脚、通过考试、忘掉一切。但聪明的教师知道学生不可能冒着考试不及格的风险去这样做。若学生星期天晚上不复习功课,考试就安排在星期一进行,如果这样,学生就会考不及格。星期二到星期五的情况与此相同。因此,尽管学生从未因考试时间而感到意外,但他们必须做五个晚上的功课。

　　由此可以说,悖论丧失了。

第 5 章
塞满圆形沙丁鱼的罐头

显然，我们能把49个单位直径的牛奶瓶放进一个边长为7个单位的方箱里，只要7个一排，放7排即可。但是，你能用其他方法把这些瓶子放进一个更小的正方形盒子里么？打个赌吗？

聚会游戏"沙丁鱼"需要把尽可能多的人塞进一个密室里,就像塞沙丁鱼一样,该游戏也由此得名。数学家们也喜欢玩"沙丁鱼"游戏,但人和鱼的形体太笨拙,不便于思考,于是,他们更喜欢用圆来代替。他们问:能装入49个牛奶瓶的方箱的最小尺寸是多少?或者等价地说,给定一个单位正方形,在其中不重叠地放置49个同样的圆,那么,所能放置的圆的直径最大是多少?为了理解两个问题的等价性,请注意,在第一种情形中我们固定圆的大小,而让正方形的大小变化;第二种情形则与此相反。所以,除了比例的选择外,解决了其中一个问题,另一个自然也就得到了解决。当然,前提是,我不把瓶子倒放或横放;同时假定,牛奶瓶的横截面为数学上完美的圆,箱子的横截面为数学上完美的正方形。

这类问题应该和数学本身一样古老,但我们现在所知道的几乎所有有关这类问题的信息都是从1960年或之后开始出现的。其原因是"组合几何学"这个领域异常深奥,解答十分晦涩,证明难以获得。例如,能装49个单位直径牛奶瓶的最小方箱,其边长"显然"为7个单位:只需将瓶子摆成方阵形式[见图5.1(a)]。

尽管这个答案很显然，但——就像很多号称显然的思想一样——它却是错的。1997年，努尔梅拉（K. J. Nurmela）和厄斯特高（P. R. J. Östergård）找到了一种将49个圆装入略小的正方形内的方法[图5.1(b)]。两个正方形大小的差异微乎其微，肉眼难以辨识。

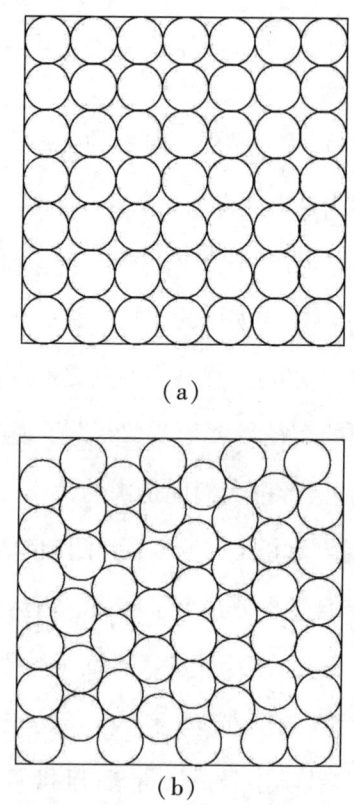

图5.1
(a) 将49个圆装入正方形内的一种显而易见的方法；(b) 如果以这种方式装，正方形会变得略小一点

这种堆放法推翻了文格罗特（G. Wengerodt）的猜想。文格罗特

切蛋糕与无尽的棋局

曾证明,对于1、4、9、16、25和36个圆的情形,显而易见的方形填装乃是最优的,但对于64、81或其他更大平方数的情形,方形填装却并非最优。文格罗特没有解决49个圆的情形,但他猜想,方形填装仍是最紧凑的。事实证明,他的猜想是错的。

你可能在想:为什么这种方形填装并非对任意大小的方箱都最紧凑?从这种观点出发,易见,当箱子足够大时,方形填装必会失效。必须知道(很容易验证),在一个无限平面内,存在一种比方形填装更紧凑的装法,即六边形填装——就像台球比赛开始时球的放置方法一样,当然这里的平面是无限延伸的。

有限大小的箱子有一正方形边界,这就阻止了完整六边形填装的形成,这就是为什么对于某些小数目的圆来说,方形填装是最紧凑的。但当圆的数目变得足够大时,边界的影响就会变小,接近六边形填装的装法就可以比方形填装装入更多的圆。文格罗特就是通过这种思想来证明,对大于等于64的平方数来说,方形填装并不是最优的。尽管如此,49个圆的情形还是相当棘手的,这就是人们颇花了些时间才找到正确答案的原因。

我正打算撰写这个主题时,收到了梅里森(Hans Melissen)于1997年12月在乌得勒支大学答辩通过的博士论文——《圆的填充与覆盖》(*Packing and Covering with Circles*)。这是迄今我所知道的有关这一问题最好、最完整的研究,它囊括了许多新的装法及证明,还给出了完整的参考文献目录。对于很多不同形状的区域,如圆、矩形、三角形,也都可以提出类似的问题,它们在从工业包装到电子物

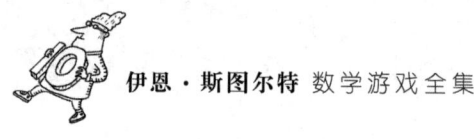

理学的诸多领域有很多潜在的应用。然而，该话题真正的魅力在于其优雅的数学原理。

将相同的圆装入边长给定的正方形，使圆的直径最大，这一问题在1960年以前似乎未见文献讨论。1960年，莫泽（Leo Moser）猜想了8圆问题的一种解法。他的猜想很快得到了证实，并引发了一系列讨论：当圆的个数不同时，又会是什么情形？舍尔（J. Schaer）是证明莫泽猜想的数学家之一，他于1965年发表了9个圆以内诸情形的解法。他指出，5个圆之内的最优装法很容易，并把6个圆的解法归功于罗恩·格雷厄姆（Ron Graham，现任职于贝尔实验室）。

通常把问题稍作修改，就不用考虑圆本身了。若两个全等圆相切，则圆心距就是它们共同的直径。若圆与正方形的一边相切，则其圆心位于和该边平行且与该边距离等于圆的半径的直线上。因此，上述关于圆的问题可以表述成："在给定的正方形内放置49个点，使得任意两点间的最短距离最大。"这里的点就是前面所讲的圆心；正方形也不是原来的正方形，而是一个更小的正方形，其四边向内移动了一个圆的半径长度。考虑"点"而非"圆"有一个优点，就是在概念上更简洁。图5.2总结了该形式下20个圆以内诸情形的解法。图中所示的所有排列法都已证明是最优的。对于17个点的情形，有两种不同的排列法。一些排列法（如13、17和19个点的排列法）中包含了"自由"点，这些点并不完全固定，可以在某一小范围内变动。

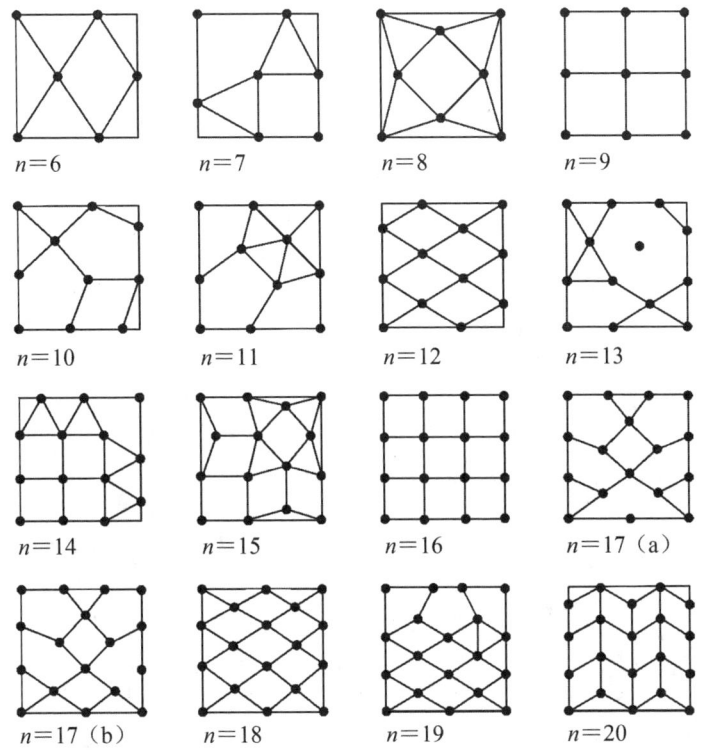

图 5.2 将点排列于正方形内,使最小间隔最大

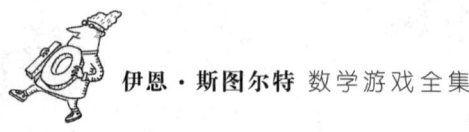

问　题

图 5.2 中,8 个点的最优排列具有明显的对称性,设圆的直径为单位长度,你能算出缩小后的正方形的边长是多少吗?

问题的一种更难的变型是圆内装圆(或点)问题。该问题最早的出版物是布拉克斯马(B. L. J. Braaksma)1963年撰写的博士论文,论文中探讨了分析学中的一个技术性问题。利用相关技术,他猜想出了8个点的最优排列。(奇怪的是,两个问题中,最早受到密切关注的都是8个点的情形。)之后,他证明了自己的猜想是正确的,但从未发表。该变体问题的11个点以内诸情形的解法已经为人们所知。对于12到20个点的最优排列,数学家已经作出了猜想,但缺少证明(见图5.3)。好几个情形(6、11、13、18和20个点)还有别的排法。对于6个点的情形,两种解法分别是:(a)5个点在边界上,可适当移动,1个点在中心;(b)6个点都在边界上,排成一个正六边形。数学家所猜想的19个点的排列法尤为漂亮和对称。

对于11个点的情形,梅里森在他的论文中首次给出了证明。他的方法是,首先把圆分割成一系列奇形怪状的区域,对距离进行估计,证明某些区域最多只包含一个待放置在圆内的点。这样,研究者就能慢慢"控制"这些点的位置——例如,在本例中,有8个点必须位于圆周上。该方法很精细,它依赖于对分割做出明智的选择;但是,它具有相当的普适性,它可用于许多此类问题,不过常常需要辅以大量的计算机运算。

在等边三角形内放置点的问题特别有意思,因为边界的形状相当接近于六边形晶格——任何玩台球的人都知道,最初用来装台球的木质或塑料三角形就是一个等边三角形,球放在其内就好像六边形晶格的一部分。事实上,对于这种装圆问题,人们最早只研究了圆

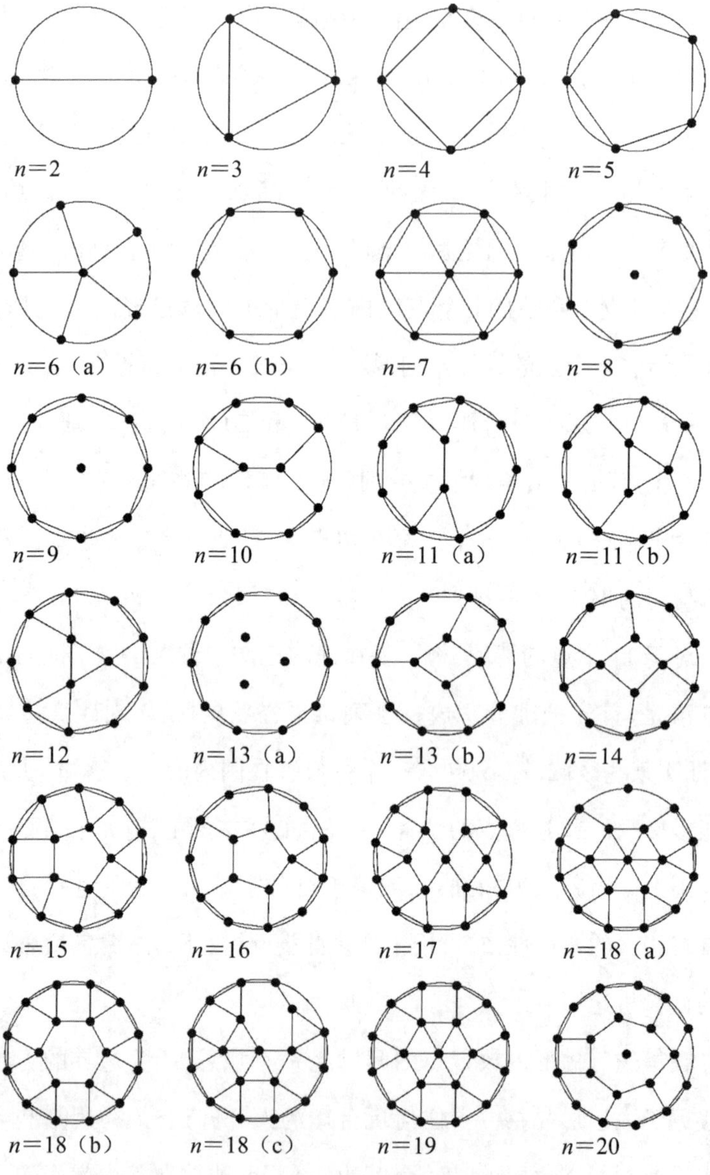

n=2　　　n=3　　　n=4　　　n=5

n=6（a）　n=6（b）　n=7　　　n=8

n=9　　　n=10　　n=11（a）　n=11（b）

n=12　　n=13（a）　n=13（b）　n=14

n=15　　n=16　　n=17　　n=18（a）

n=18（b）　n=18（c）　n=19　　n=20

图 5.3　将点排列于圆内，使最小间隔最大

(或等价的点)的个数为三角形数(这种数具有 $1+2+3+\cdots+n$ 的形式)1、3、6、10、15 等的情形。在这些情形中,圆可以排列成完美的晶格填装的一部分。六边形晶格是整个平面上的最优排列,这是广为人知的事实,1892 年,图厄①首次给出了证明。因此,在等边三角形中放置三角形数个点的最优排列法极有可能是显而易见的台球式排列。实际上,这是正确的,但其证明却十分困难:梅里森给出了一个特别简洁的证明。他还发现并证明了 12 个点以内的最优排列,并对16、17、18、19 和 20 个点的情形作出了猜想(见图 5.4)。

整个领域有着朴素的、迷人的美,同时,它也说明了这类问题并不像看上去那么简单。对于一名"严肃的"数学家来说,这可不是一个容易的研究领域。事实上,这个领域更适合于那些趣味数学家,对他们而言,世上有无数富有吸引力的挑战:证明一些猜想,改进或推翻这些猜想,将猜想或已证的解法推广到更多的点……区域的形状也可以改变:例如,对于矩形和等腰直角三角形,也有了一些结果。六边形的情形看着也挺有趣。

甚至在曲面上也可以提出装箱问题。1930 年,荷兰植物学家塔姆斯(P. M. L. Tammes)提出球面上的最优装圆问题。梅里森考虑了塔姆斯问题的一种变化形式:用的不是球,而是半球(图 5.5)。这里,对于 6 个点及以内的情形,结果已得到证明,而对于 7 到 15 个点的情形,结果仍属猜想。那些雄心勃勃的人,考虑一下把球装入三维区域,如何?

---

① 图厄(Axel Thue,1863—1922),挪威数学家,其研究工作主要是在丢番图逼近以及组合学领域。——译者注

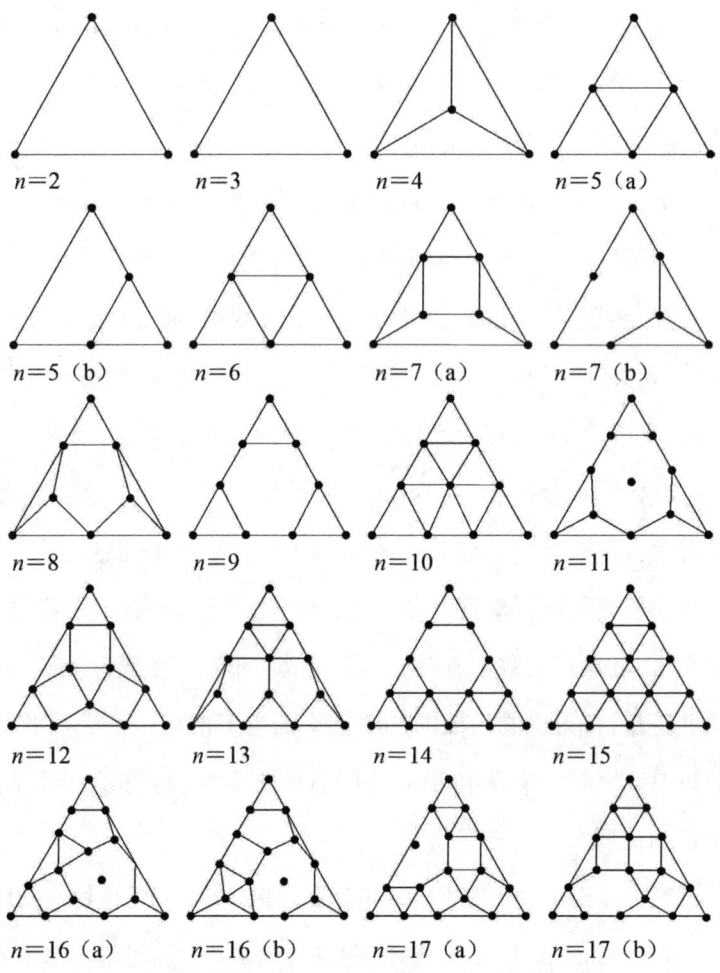

图 5.4 将点排列于正三角形内，使最小间隔最大

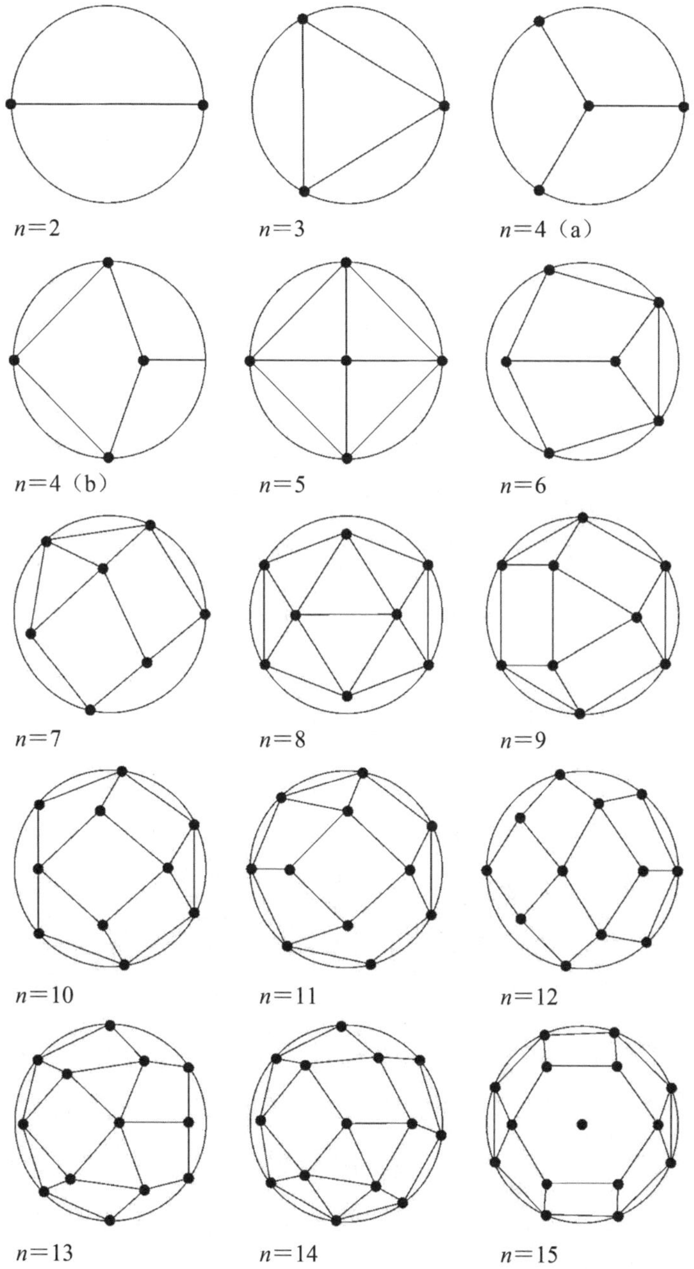

$n=2$ $n=3$ $n=4$（a）

$n=4$（b） $n=5$ $n=6$

$n=7$ $n=8$ $n=9$

$n=10$ $n=11$ $n=12$

$n=13$ $n=14$ $n=15$

图 5.5　将点排列在半球上（俯视），使最小间隔最大

前面已提及装箱问题在物理学上的潜在应用。1985年，别列津（A. A. Berezin）在《自然》（Nature）杂志上发表文章，讨论圆盘上相同带电粒子的最小能量结构。这和圆填充问题具有相同的数学特征，因同种粒子相互排斥，故颇像它们之间最小距离的最大化问题。然而，不能仅仅作简单的类比，因为这里真正关心的是能量平衡，而不是粒子的间隔。系统实际所做的乃是将其总能量最小化。无论如何，普遍的直觉是所有电荷在到达圆盘边缘之前都应相互排斥，这个结论的一般性被恩绍定理（Reverend Earnshaw'Theorem）证明。该定理说的是，在只有静电力作用的情况下，带电体不可能处于平衡状态。因此，平衡状态需要在物体的边界强加一些条件。然而，别列津的数值计算表明，对于从12个到400个之间的静电荷，一个在中心、其余在边界的分布状态比所有电荷均在边界上的分布状态具有更低的能量。

物理直觉和别列津计算结果之间的差异最终得到了解决，结果支持了前者，虽然别列津的观察并没有什么问题。问题在于，真实的物理世界并不存在这种无限薄的圆盘。要么数学模型代表了圆柱体内平行线电荷的二维横截面，要么圆盘具有有限的厚度（尽管很小）。在前一种情形，正确的能量值不同于别列津的计算结果（必须基于力的对数定律，而不是平方反比律）。在后一情形，位于中心的点会与圆盘实际的中心偏离一个极小距离，直到它到达边界附近！

数学和直觉就这样达到了统一。但是，这个问题仍然很有趣：比如说，梅里森率先严格证明了别列津数值计算结果的正确性。所以，尽管还存在一些技术上的困难，但在这些漂亮的、令人困惑的问题上，数学家正在取得很大的进展。

反馈信息

当一位读者抱怨——他的刻薄令人惊讶——我随随便便就忽视了高斯（Carl Friedrich Gauss）、拉格朗日（Joseph Lagrange）等人伟大的经典工作，从而贬低了西方思想的智力传统时，我深感有必要澄清一下我的评论："我们现在所知道的几乎所有这类问题的信息都是从1960年或之后开始出现的。"我说的"这类问题"是指把物体装入有限区域，如方箱。经典工作研究的是无限平面上的装物问题，并且假定物体按一定规则排列。本章所讨论问题的本质是，区域范围有限，且并不假设圆的放置方式具有规律性。

好几位数学家和物理学家寄来了他们的研究论文。其中一篇是努尔梅拉写的，讨论了一个相关但略有不同的问题，在本章快结束时提到过：在圆盘上分配点电荷，使总能量最小（应用斥力的平方反比律）。这篇论文列于进一步阅读文献中。该文列出了80个以内（包含80个）点电荷的最著名的结构（之前只考虑过23个以内的点电荷，外加29个、30个和50个的情形）。从该问题的物理学背景中可以预测，这些点近似分布在一系列同心环上。

答　案

如图5.6所示，作缩小后正方形的两对对边中点的连线，它们交于点 M，图中标示出的点 Q、R、S 为圆心，P 是缩小后四边形一条边的中点。

圆的直径为1，P 到实际正方形一边的距离为 $\frac{1}{2}$。

设缩小后的正方形边长为 s，$PQ=x$。

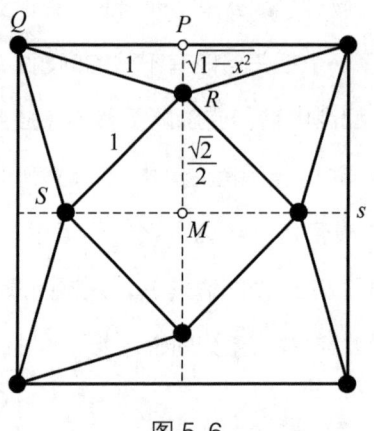

图5.6

由于这些点所代表的圆彼此相切，因此 △QRS 是一个边长为1的等边三角形。另外，由

于图形的对称性，△RSM 是一个等腰直角三角形，它的斜边的长度是 1，所以直角边 MR 的长度是 $\frac{\sqrt{2}}{2}$。由于 △PQR 是一个直角三角形，因此 $PR = \sqrt{1-x^2}$。此外，由于 QM 在正方形的对角线上，因此 △PQM 也是一个等腰直角三角形，于是 $PM = PQ = x$。由

$$PM = PR + RM$$

可得

$$x = \sqrt{1-x^2} + \frac{\sqrt{2}}{2}$$

此式可以化简为二次方程：

$$4x^2 - 2\sqrt{2}x - 1 = 0$$

方程有正根 $x = \frac{\sqrt{2}+\sqrt{6}}{4}$。

由于 $s = 2x$，因此 $s = \frac{\sqrt{2}+\sqrt{6}}{2}$。

第 6 章

无尽的棋局

国际象棋规则中包含了若干模糊的规则，用于防止无意义的一盘棋没完没了地进行下去。源于动力系统的无三重序列思想表明，一个改变这些规则的合理建议并不能完全防止无意义的一盘棋。事实上，你能不动一个兵而永远下着这盘棋。

切蛋糕与无尽的棋局

任何一个下棋的人都知道,某些棋局最终会陷入僵局,双方无论如何出招都不能取胜,除了握手言和,别无他法来结束比赛。但是,如果有一方不同意言和,结果会怎样呢?这盘棋会无休止地进行下去。制定国际象棋规则的人早就预见了这种情形,他们提出了很多规则来强制结束比赛。经典的规则是"如果比赛双方各走了50步还没有死局,并且没有任何棋子被吃掉,兵也未被移动,那么比赛就应当以平局结束"。

然而,新近的一些计算机分析表明,对于有些棋局,有一方还是可以勉强获胜的,不过,需要超过50步,期间没有损失任何棋子,也不需要移动兵。因此,国际象棋规则被迫指定某些特例。指定特定条件下所允许的步数,恰恰具有同样的风险,因此,最好找到一种完全不同的方法。

前不久有人提出的一个建议是,如果连续地经同样的位置、按同样的顺序重复走三次,那么这场比赛应当结束。(不要将该建议与下列标准规则混淆:如果同样的位置出现三次,那么对方可以要求平局。但要注意,这个规则并没有强迫他们这样做。)该序列可能很短,

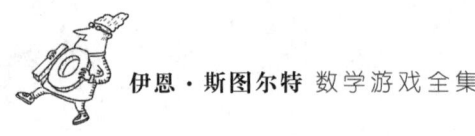

也可能很长:所提规则很谨慎,并没有指定长度。

可以找到一个违反"连续三次"规则应结束比赛的好的案例。问题是:是否存在不违反该规则的无意义的棋局?正是在这里,数学世界遇到了一个有趣的问题:一盘棋可以没有死局而无休止地进行下去,同时却又不会连续经同样位置、按同样顺序重复走三次吗?(一盘无休止进行下去的棋当然是没有意义的。)

国际象棋有几分复杂,因此,任何有能力的数学家都会试图去简化它。假设我们关注的是只走两步的情形,用二进制符号0和1来表示。一个包含0和1的序列可以不连续地重复出现三次而永无休止地进行下去吗?

事实表明,有很多方法可以产生这样一个序列,我把它叫作"无三重序列"。第一种方法是莫尔斯(Marston Morse)和赫德伦(Gustav Hedlund)在研究一个动力系统①中的问题时发现的。从单个0开始。后接一个补列(将0变成1,1变成0),此处为1,于是得到01。后接一个补列,以此类推,构造出如下无穷序列:

0

01

01**10**

0110**1001**

01101001**10010110**

---

① 数学的一个分支,研究状态空间中的点以确定的规则随时间演化的过程。——译者注

无限继续这个过程。为清楚起见,补列用黑体标出。

该序列确确实实是个无三重序列,但该性质的证明却很棘手。有一个更明显的无三重序列,其证明要容易一些。证明的描述需要若干术语。回顾一下:偶数是 2 的倍数,奇数比 2 的倍数大 1;更简单地说,偶数具有 $2m$ 的形式,奇数具有 $2m+1$ 的形式。我们需要类似的术语来称谓 3 的倍数。

若一个数是 3 的倍数(即形如 $3m$,其中 m 为某个正整数),则称该数为**三倍数**(treble);

若一个数比 3 的倍数大 1(即形如 $3m+1$),则称该数为**优数**(soprano①);

若一个数比 3 的倍数小 1(即形如 $3m-1$),则称之为**劣数**(bass②)。

每一个整数都是三倍数、优数、劣数中的一种。如果一个数是优数(即 $3m+1$,其中 m 为某个正整数),则称 m 为它的生成数(precursor)。例如,$16=3\times5+1$ 是优数,其生成数为 5,5 是一个劣数。

利用这些术语,我们可以写出同一个组块永远不会连续重复三次的构造良方:

---

① 意大利语,本义为高声部,这也是为什么作者将其构造的序列称为"合唱序列"(choral sequence)。——译者注

② 意大利语,本义为低声部。——译者注

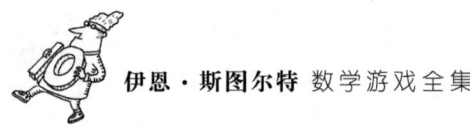

- 首项为 0。
- 若 n 为三倍数，则序列中的第 n 项为 0。
- 若 n 为劣数，则序列中的第 n 项为 1。
- 若 n 为优数，其生成数为 m，则序列中的第 n 项等于第 m 项。

前三个规则告诉我们，序列具有如下形式：

010 * 10 * 10 * 10 * 10 …

其中 * 10 无限重复，星号部分的值待定。根据第四个规则可以求出星号部分。比如，第 4 项与序号为 4 的生成数的项，即第 1 项相同，它等于 0。第 7 项与序号为 7 的生成数的项，即第 2 项相同，它等于 1。依次类推。因为生成数比原数更小，它们所对应的项已经算出来了，所以规则四的确定了所有的星号。

我把由这些规则所得到的序列称为**合唱序列**：

010 010 110 010 010 110 010 110 110 010 010 110 …

为使该序列的结构更为清晰，让每 3 个数字一组，并将优数项用黑体标出。合唱序列有一个奇妙的性质：黑体项构成的序列恰好完全复制了整个序列。

合唱序列中含有很多重复两次的组块：如，从 010 010 开始，前 18 项中组块 010010110 重复了两次。但没有一个组块重复三次，因此，该序列是无三重序列。

那么,该序列如何帮助解决国际象棋问题呢?国际象棋中的步数远远多于2;如果仅仅选择两步(如兵前进1格,车前进3格),那么,你根本不清楚该序列与合法走步有何对应关系。解决这个问题并非难事,不过在阅读下文以前你最好还是仔细考虑一下为好。

好,现在继续。假设比赛双方按图6.1所示的方式来走马(棋盘上的N)。依它们当前的位置,马可以向外走,也可以往回走。假设参赛者使用0和1的序列决定它们的移动,0表示走王翼马(KN),1表示走后翼马(QN),如下所示:

黑方

R	N	B	Q	K	B	N	R
P	P	P	P	P	P	P	P
1							0
1							0
P	P	P	P	P	P	P	P
R	N	B	Q	K	B	N	R

白方

图6.1

在永无休止的棋局中,只有马在两个方格间前后移动,符号0和1表示无三重"合唱序列"中相应的项

0 白方走王翼马(向外走)

1 黑方走后翼马(向外走)

  0 白方走王翼马(往回走)

  0 黑方走王翼马(向外走)

  1 白方走后翼马(向外走)

  0 黑方走王翼马(往回走)

等等,以此类推。

  这可不是什么激动人心的棋局,但每一步都合法的,因此它绝对是一个合法的棋局。由于它与合唱序列之间的对应关系,它可以永远进行下去,且同样的移动序列不会连续重复三次。事实上,更特别地,同一颗棋子(KN 或 QN)的移动序列不会连续重复三次。因此,如果你正在寻求一个真正无懈可击的国际象棋规则来终止无意义的比赛的话——甚至不允许双方合谋愚蠢却又合法地继续比赛——那么,老的方案就无效了。

切蛋糕与无尽的棋局

问 题

你能想出其他移动棋子多于4个的、能永无休止进行下去的合法棋局吗?

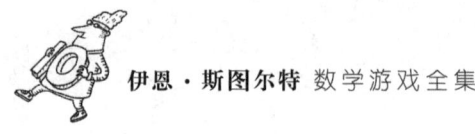

这个特殊问题促使数学家们提出符号序列的有关问题。例如，是否存在一个由0和1构成的序列，其中的某个组块从不连续重复两次？如果允许使用更多的数字，如0,1,2,答案是否会改变？趣味数学家会有兴趣把这样的问题转化为类似的国际象棋问题。例如，一局合法的国际象棋比赛是否可以在由任何棋步构成的组块从不连续重复两次的情况下无限进行下去？

然而，数学对于国际象棋规则的制定不可能产生很大影响，因为对局者头脑中通常都有一个明智的目标，我们不知道如何用数学方法来描述这种状态。

定义某件事就是在其周围划出严格的边界线。我本人的观点是，每一件真正有趣的事情都具有模糊不清的边界，当你设法用一个正式定义来限制这些边界时，它们只会变得更模糊不清。尽管如此，每个下棋者都知道什么是一局"明智的"国际象棋比赛——即使他们不能定义什么是"明智"。

关于合唱序列中任意一个组块不会连续出现三次的证明

称依次排列的符号 0 或 1 为序列的项，如果 n 是三倍数、优数或劣数，则称相应的第 n 项是三倍数项、优数项或劣数项。

1. 长度为 1 的组块不会重复三次，因为任何连续三项必同时包括一个三倍数项和一个劣数项，它们不相同。

2. 长度为 2 的组块不会重复三次，因为任何连续六项都包含一个形如 0 ∗ 1 的组块，但 010101 和 101010 都不具有这种形式。

3. 若一个长度为 3 的组块重复三次，则这三个组块包含三个优数项，它们的生成数项相邻且值相同——第一步排除了这种情形。

4. 若一个长度为 3 的倍数（$3k$）的组块重复了三次，则同理可证，长度为 k 的组块必在序列的前面部分已经重复三次了。

5. 剩下的唯一一种情形是，一个长度至少为 4 且不为 3 的倍数的组块重复出现三次。这种情形的证明更复杂。为了理解个中思想，设长度为 4，则序列包含一个形如 $abcdabcdabcd$ 的组块，前三项中必有一项为三倍数，不妨设其为 c，则该组块事实上应该具有 $ab0dab0dab0d$ 的形式。但第一个 0 之后的每第三项——已用黑体标注——也是三倍数，因此 $b = a = d = 0$，于是整个组块就变成 000000000000，第一步排除了这种情形。类似可证 a 或 b 为三倍数的情形。对于任何一个长度不为 3 的倍数的组块，证明与此类似，但更为复杂。

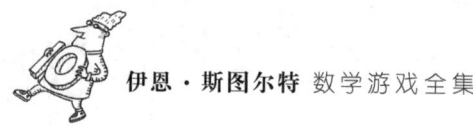

反馈信息

无休止棋局的传奇促成许多人来信,澄清"莫尔斯-赫德伦"序列 0110100110010110…的历史。

滑铁卢大学的沙利特(Jeffrey Shallit)写道(我将他的来信略作了修改,并把参考文献放到文中适当的地方,而不是将其移至进阶读物中):

今天,人们通常把该序列归功于挪威数学家图厄。从 1906 年开始,他撰写了一系列论文,讨论重复问题。他还证明了该序列更强的性质:无重叠性。据我所知,莫尔斯发表在《美国数学会会刊》(*Bulletin of the American Mathematical Society*)第 44 卷(1938 年,第 632 页)上一篇文章的摘要里第一次提到它在国际象棋上的应用。关于莫尔斯应用的一个幽默评论,参阅麦克默里(D. McMurray)于 1938 年 10 月发表在《国际象棋评论》(*Chess Review*)上的文章:"一位数学家在国际象棋上花了

一小时"(A mathematician gives an hour to chess)。文章重印于潘多尔菲尼(Bruce Pandolfini)主编的《最佳棋手与评论》(*The Best of Chess Life & Review*)第一辑(1933—1960)第 84 页。最近,好几位数学家指出,该序列已经隐含于普鲁埃(E. Prouhet)的一篇更早的论文中,见《科学院院刊》(*Comptes Rendus*)第 33 卷(1851 年)第 225 页。

弗吉尼亚理工学院的古德(I. J. Good)注意到,1935—1937 年国际象棋世界冠军尤伟(Max Euwe)在"集合论与国际象棋"(Set theory observations on chess)一文中发明了同样的序列,见《阿姆斯特丹科学学院会刊》(*Proceeding of the Academy of Sciences of Amsterdam*)第 32 卷(1929 年)第 633—642 页。 他还写道:

该文启发我发明了用于电传打字机五位码的"反射序"(约在 1943 或 1944 年),详情参阅我的文章"谜和鱼"(Enigma and Fish),文章收录于欣斯利(F. H. Hinsley)和斯奇普(Alan Stripp)主编的《密码破译者》(*Codebreakers*)一书(牛津大学出版社,1993

年)。该码现称"格雷码",它由格雷(F. Gray)独立发明并获专利,用于模数转换。

答　案

可以对合唱序列的开头几位略加修改，插入新的数字 2 表示新的棋子。例如，在序列：

010 010 110 …

的第一个 1 之后和在第二个 0 之后插入数字 2，序列变为：

012 020 101 10…

在这个新的序列里，涉及新增数字 2 的组块中，只有 20 连续重复了两次，所以任何包含 2 的组块都不会连续重复三次，而其余组块都是 0-1 序列，它们是合唱序列的一部分，所以也不会连续重复三次，从而新的序列仍是一个无三重序列。

接下来，只需建立新的序列与棋子之间的对应即可。我们可以仍旧用 0 表示走王翼马（KN），1 表示走后翼马（QN），新增的 2 表示走王翼车（KR），如下所示：

0 白方走王翼马（向外走）

1 黑方走后翼马（向外走）

2 白方走王翼车(走到王翼马的起始位置)

0 黑方走王翼马(向外走)

2 白方走王翼车(回到原位)

0 黑方走王翼马(往回走)

1 白方走后翼马(往回走)

0 黑方走王翼马(向外走)

等等,以此类推。这样就得到了棋子数多于4个的无休止进行下去的合法棋局。

第 7 章
正方棋子和阻碍棋子

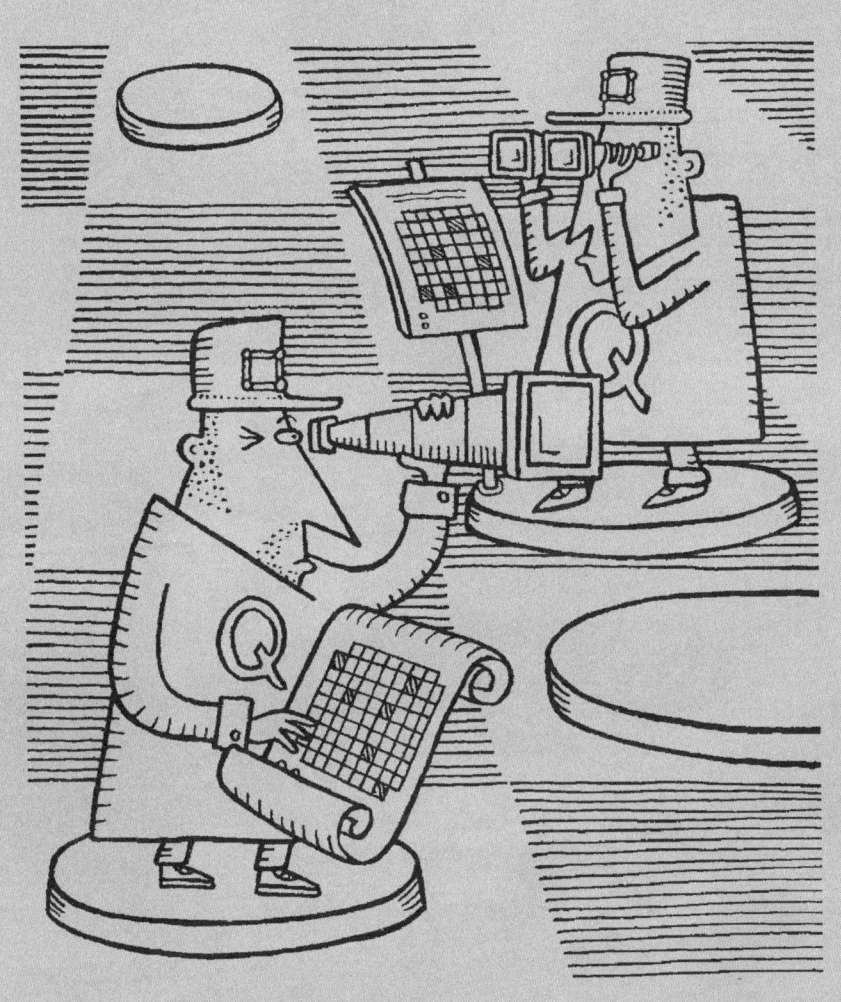

你能先于对手构建一个正方形吗？你们每人都有各自颜色的 20 颗棋子外加 6 颗白色的棋子。棋盘上有 117 个方格。噢，别忘了：一旦你决定使用正方棋子，就不能再用阻碍棋子了。

切蛋糕与无尽的棋局

斯蒂尔(G. Keith Still)是一位计算机科学家,他的主要专业兴趣是人群动态模拟及相应控制屏障的设计。斯蒂尔是一个富有创造性的人,若干年前,他发明过一个名为正方棋(quod)的数学游戏。

正方棋的棋盘是一个 11×11 的网格,其中的四个角是去掉的,故只有 117 个格子。黑方和红方各有 20 颗代表己方颜色的棋子(称为正方棋子)和 6 颗白色棋子(称为阻碍棋子)。对局双方轮流将自己的正方棋子放入空白方格中。游戏的目标是让己方的四个正方棋子占据同一个正方形的四个角。该正方形的边可以和棋盘的边平行,也可以是斜着的(图 7.1)。宣布自己赢时,玩家要高喊"构成方形"。通常,这发生在玩家将棋子放入正方形的第四个即最后一个角的时候,但玩家有时可能没看出一个偶然形成的正方形,在这种情况下,一旦轮到他下,他就可以喊:"构成方形!"然而,如果对方已经喊了"构成方形",那么他就没有机会了——必须在游戏还在进行时把疏忽纠正过来。

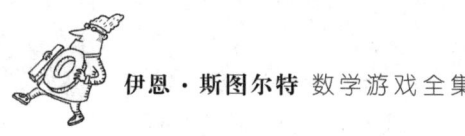

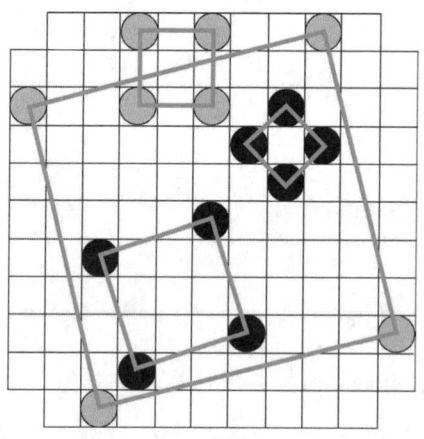

图 7.1 数以千计可能的获胜正方形之中的几个正方形

问 题

以方格为中心,所有可构成的正方形与底边的夹角一共有多少种?

图7.2展示了双方连续下的几步棋,为了阻止黑子形成获胜的正方形,红方在每一步都被迫将棋子放在唯一的方格上。这种被动的玩法使得游戏不是很有趣,为此,另一类棋子——阻碍棋子就派上用场了。阻碍棋子纯粹用于阻拦,并不参与正方形的构成——这就是双方的阻碍棋子都是白色的原因。阻碍棋子的走法如下:

1. 必须在己方的回合才能走。

2. 可以使用6颗阻碍棋子中的任意多颗,但它们都必须在走正方棋子之前使用。

3. 走了阻碍棋子之后,须接着走正方棋子(走法如常),然后才轮到对方走。

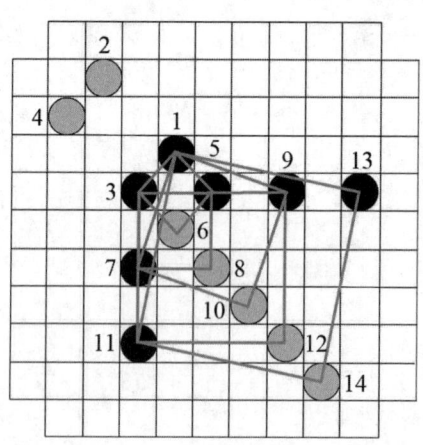

图7.2 让红方一直处于守势的连续几步棋(未使用阻碍棋子)

最后,还有两条技术性的规则。如果一方在下完一步后做成了下回合必定胜利的局面(若还有可用的正方棋子的话),那么就算该方赢。若正方棋子走完(从而游戏结束)时双方均未形成正方形,则剩下阻碍棋子多的一方赢。(若双方剩下的阻碍棋子一样多,则结果为平局。)

因可构成的正方形数目巨大,故正方棋是一个极为复杂的游戏。例如,挺容易下出"双正方形"的一招——同时形成两个"潜在正方形"的一步棋。("潜在正方形"指的是四个角中有三个已经填好、最后一个尚未被占据的正方形。)虽然对方只要使用阻碍棋子,在一个回合中就可以阻止好几个"潜在正方形"的完成,但构造"双正方形"以迫使对方用完阻碍棋子仍是一个很好的战术。经验表明,第一步走最中间的方格是最合理的。接着,你需要注意在一些不寻常位置上的潜在(或偶然完成的)正方形,并且注意那些你自己和对方的部分重叠的正方形,这些正方形可能会导致双正方形的形成。图 7.3 给出了一局棋,图中标出了各种潜在正方形。

正方棋游戏有许多变化形式,它们都成了不同情境中十分有趣的游戏。

缩小的棋盘

年龄小的孩子会觉得在更小的棋盘上更好下,此时阻碍棋子的数目也应相应减少(即,在 10×10 的棋盘上每方只有 5 颗阻碍棋子,而在 9×9 的棋盘上每方有 4 颗阻碍棋子,等等)。

二人以上参赛

规则类似,但减少阻碍棋子数。在三人参赛的情形,每人只有 4

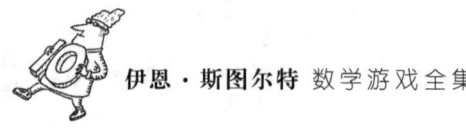

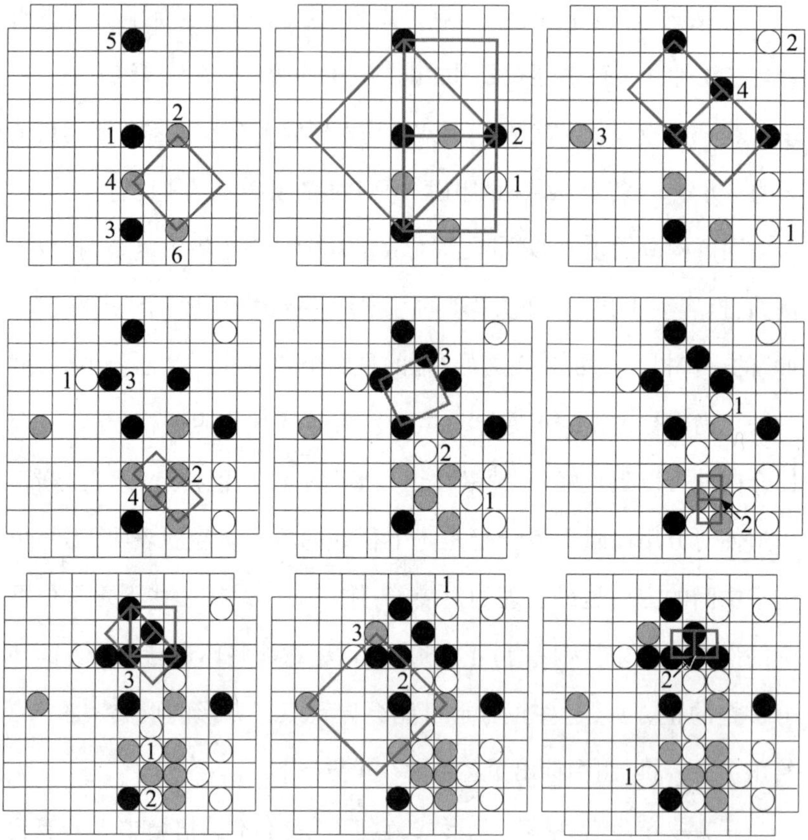

图7.3 正方棋游戏之一例,所有潜在正方形均已画出
数字代表从前一框图中局面开始的棋步顺序。这里,黑方获胜,它构造出了双正方形,而红方用完了阻碍棋子

颗阻碍棋子;在四人参赛的情形,每人只有 3 颗;在五人或六人的情形,每人只有 2 颗。

正方棋旅行法

与标准的双人游戏类似,但每人仅有 6 颗正方棋子和 6 颗阻碍棋子。走完所有正方棋子之后,选择己方的一颗正方棋子另置于他处,开始新的一轮。与标准游戏一样,任何时候都可以走阻碍棋子,但一旦落子就不能再移动了。

正方棋决斗

双方各有两种或两种以上颜色的正方棋子,每一回合每种颜色的棋子各走一次,只有在同色棋子构成正方形时才喊"构成方形"。

正方棋速战法

每一方只有 6 颗正方棋子和 6 颗阻碍棋子。走时要么放一个新正方棋子,要么移动已在棋盘上的正方棋子。阻碍棋子的走法如常,一旦落子,不能再移动。

正方棋桥型法

需四人参赛,构成两对搭档。四人围绕棋盘四边,每对搭档相对而坐。一对用黑色正方棋子,一对用红色正方棋子。游戏按照顺时针方向进行。不能商量——你必须先于对手揣摩出搭档所采用的策略。但你可以向搭档传递暗号(如挥动手臂、以头敲桌、上下跳跃,等等)。

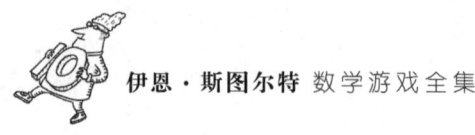

反馈信息

我曾误将该游戏称作"quad",我想这个词有点像与正方形相关的"quadratic"一词。但游戏发明者斯蒂尔提醒我,他更喜欢将其写成"quod erat demonstrandum"(证毕)中的"quod"。(我在本书中已经纠正了这一错误。)该游戏颇受青睐,其光盘也随计算机杂志大量发行。魏布伦(David Weiblen)亲自给正方棋游戏进行了编程,并让计算机自己下了数百局棋,所采用的策略是根据一组反映不同位置在对局带来的优势的规则,为这些位置赋予一定的权重。

在他的模拟试验中,先下者总能获胜。这使他怀疑这个游戏真的有多少趣味性;也使我想知道,按他的加权规则是否真的能得到最佳玩法。他也指出,存在整整1173种可能的正方形,这个数字被西南密苏里州立大学的里德(Les Reid)证实。堪萨斯大学的迈克尔·肯尼迪(Michael Kennedy)、惠普公司的德伊森贝赫(Ken Duisenberg)和博里斯(Denis Borris)发布了求可能的正方形数目的新的解法。博里斯将结果推广到 $n \times n$ 的情形,答案是 $\dfrac{n^4-n^2-48n+84}{12}$,而德伊森贝赫则将结果推广到 $m \times n$ 的情形。

答　案

设正方形的边长为 $\sqrt{m^2+n^2}$，正方形以方格中心为顶点，所以 m,n 需要满足限制条件 $m+n \leqslant 10$。正方形与棋盘底边的夹角为 $\arctan\dfrac{m}{n}$。为了寻找不同的夹角，只需寻找使得正方形的顶点都在棋盘内的互素且满足限制条件的数对 (m,n)。

$m=1$：$n=1,2,3,4,5,6,7,8,9$，共 9 对；

$m=2$：$n=1,3,5,7$，共 4 对；

$m=3$：$n=1,2,4,5,7$，共 5 对；

$m=4$：$n=1,3,5$，共 3 对；

$m=5$：$n=1,2,3,4$，共 4 对；

$m=6$：$n=1$，共 1 对；

$m=7$：$n=1,2,3$，共 3 对；

$m=8$：$n=1$，共 1 对；

$m=9$：$n=1$，共 1 对。

一共有 9+4+5+3+4+1+3+1+1＝31 对，再加上与底边夹角为 0 的正方形，故所有可构成的正方形与棋盘底边的夹角共有 32 种。

第 8 章
零知识协议

PIN 码（个人识别号码）、密码、电子签名……这年头你如果不提供身份证明，似乎连一份报纸都买不到。当你提供身份证明的时候，某些人能看到你的 PIN 码，盗取你的密码，或者伪造你的签名。这里有另一种办法：证明你知道某件事情，而又不泄露它。

切蛋糕与无尽的棋局

在网络时代,有一件事变得十分重要:把传达某些事实的信息发送给预定的接收者,但又不能不小心把其他事实泄露给他们或别的任何人。例如,假设你想通过信用卡付款,直接发送信用卡号可不是一个明智的办法。这个未加密的信息生效的方式是,接收者一旦收到有效的信用卡号,就会进行转账操作。但这样一来,就有人能拦截你的信用卡号,甚至编制非法计算机程序来收集信用卡号,并使用你的账号来购买别的商品。

使用简单的 PIN 码也并未增加多少安全性,因为它也是通过网络传递的。大多数安全系统使用某种加密方法来确保信息来源的合法性。如果密码是安全的,那么系统就会工作。今天,有足够多的好方法来编制安全的密码。事实上,一些密码太安全了,以至执法机构想取缔它们,因为这样一来他们即使拦截了罪犯发送的信息,也无人能看懂这些信息。

另一种加密的方法是使用"零知识协议"。这种方法能让接收者相信你拥有某则信息(如 PIN 码)但又不会泄露这些信息的真实内容。令人惊讶的是,这样的协议总能存在,事实上,近年来密码学家们已经设计出了大量这样的协议。

其中所涉及的原理可以简单地用地图着色知识来解释。假设银行经理给你寄来了一张极其复杂的地图,你希望她相信你知道如何用三种颜色来着色,而不泄露哪个区域着哪种颜色。那么,你可以构造一个精细的电子装置,它与两个触控式屏幕相连接并由其控制,一个在银行,一个在你家里。设定该装置只能进行以下操作(见图8.1)。

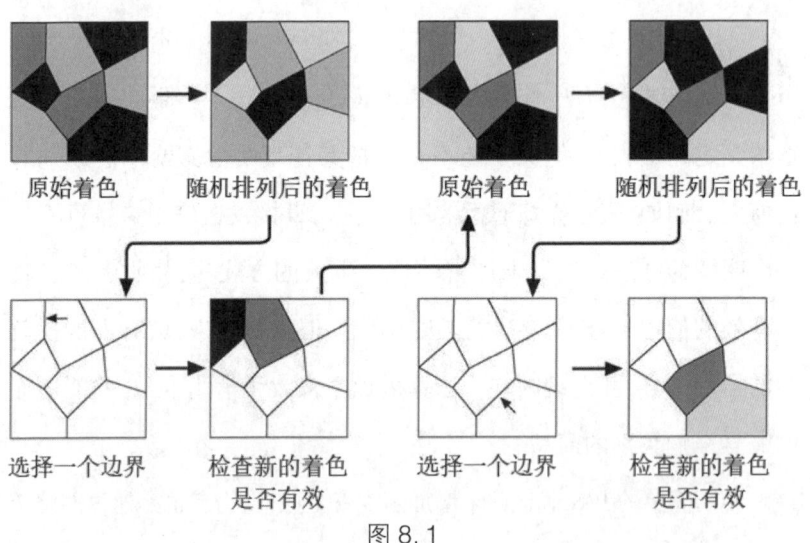

图 8.1
让银行经理相信你能用三种颜色来为地图着色,重复进行,直到选完所有边界

首先,把着色情况输入机器(比如触碰屏幕上的区域——触碰一次为红色,两次为蓝色,三次为黄色)。

然后,银行经理选择了两个国家的公共边界。机器将你的着色方案随机排列——例如,系统地把你所着的红色换成蓝色,蓝色换成红色,黄色保持不变。共有六种排列颜色的可能方法,银行经理并不知道机器会选择哪一种。然后经理的屏幕上就会显示出所选公共边界上两个国家的新颜色,其余国家不着色。如果你的原始着色是有效的,那么这两个国家的颜色应该是不同的。

接着,经理重复上述操作,直到试完所有的边界,然后才能确定三种颜色的地图着色是否正确。事实上,如果你的原始着色是错误的,即有两个相邻国家同色,则在某个阶段,银行经理选择公共边界时,机器所显示的两种颜色将是相同的。另一方面,如果对应于每条公共边界的两种颜色都不同,那么你的原始地图必定是正确的。

然而,由于排列是随机的,因此经理无法推测出你的原始着色。机器的反应只是证实了你的地图上各对相邻国家具有不同颜色,但并不会告诉她具体是什么颜色。

四色定理

1852年,伦敦大学学院的研究生古德里(Francis Guthrie)首先将著名的四色定理作为猜想提出。四色定理说的是,每一幅平面地图都可以用如下方式着色:相邻两个国家着以不同颜色,但总共不超过四种颜色。四色定理最终于1976年为伊利诺伊大学的阿佩尔(Kenneth Appel)和哈肯(Wolfgang Haken)所证明。若只限于三种颜色,则有些地图可以着色,而有些地图就不能着色了。

零知识协议领域的研究者更喜欢基于"模拟"思想的更严格的论证。想象有一个表面上与上述程序相同的程序,其中机器的反应并非取决于地图的选择,而是随机选取两种不同颜色,并将其显示在屏幕上。这个虚构的系统可能会产生很多不同的颜色对序列,但其中一种

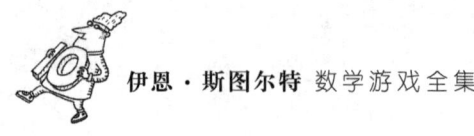

可能性乃是基于地图的实际反应序列。假设某个时刻你的银行经理能够从实际机器的反应来确定你的地图，那么当虚拟的机器产生同样的反应时，她也能在这一罕见的时刻确定你的地图。但对于虚拟的机器来说，"你的地图"并不存在，因此，经理的上述推理必定是不可能做到的。

现在请注意，如果你的银行经理不能从机器的反应中推断出你的三色着色法，那么非法窥探者也同样推断不出。也须注意，银行经理必须相信机器的确按我所描述的方式去运行，而不是仅仅在显示随机的颜色对。

一个更详尽的零知识协议使你得以让银行经理相信，你知道一个特殊的整数 $n=pq$ 的两个素因子 p 和 q，但并不透露它们是多少。如果 n 是一个相当大的数——典型的大小为 200 位左右——目前尚未有什么算法可在宇宙毁灭之前求得因数 p 和 q。然而，却有测试 p 和 q 是否为素数的快速算法。

因此，你的银行经理可以选取两个很大的素数 p 和 q，求得 $n=pq$，将 p 和 q 当作一种 PIN 码（你开通账户时会被告知）。通过适当的通信渠道，你可以让她相信，你已经知道这个 PIN 码，但并不把 p 和 q 透露给她或其他窥探者。该方法用到一定的数论知识（参阅本章结尾的证明），进一步还需要一种被称为"不经意传输"的技术。

一个不经意传输通道可以让你给银行经理发送两条加密信息，发送方式如下：(a)她能破译并准确读懂其中一条信息；(b)你并不知道她能读懂哪条信息；(c)你们都确信(a)和(b)是正确的。借助于若干合情猜想，可运用简单的数论方法来构造不经意传输通道，这里就不作介绍了。详细内容可参阅科布里茨（Neal Koblitz）的《数论与密码学教程》(*A Course in Number Theory and Cryptography*)。

该方法的确需要相当多的准备工作，通常的4位数PIN码被两个100位数取代，需要正确无误地完成很多算术运算。然而，任何笔记本电脑都能轻而易举地完成这样的任务。除了上述方法，还有很多其他实用方法，但介绍起来就不那么简单了。显然，在数字通信时代，安全系统必须可被严格证明是安全的：单单实验不足以让人信服。一旦你开始寻求证明，你就在谈论数学了。

用不经意传输证明有关素因子的知识

你和银行经理都知道数n，它是两个素数p和q的乘积（$n=pq$），你们也都知道p和q。一个可靠的、独立的信息源为你们提供了一个0、1随机块序列，从这个序列你可以构造协议中要求的任何随机数。你可以使银行经理相信你知道p、q，但并不透露它们具体的值。该方法运用了"模运算"，其中模n的倍数等价于0。对于整数y和n，记号$y(\bmod n)$表示y除以n后的余数。利用该记号，该方法实施如下：

1. 独立信息源产生一个随机整数x，并且把x^2除以n的余数r发送给你和你的经理〔即$r \equiv x^2 (\bmod n)$〕。

2. 由数论知识，r关于模n下恰有**四个**不同的平方根。① 利用你

---

① 实际上，当r是p或q的倍数时，r只有两个不同的平方根，但对整体的论证并无影响。——译者注

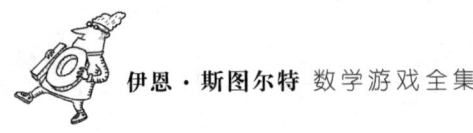

所知道的 p 和 q 可求得这些平方根。 其中一个是 x，另外三个分别是 $n-x$、y 和 $n-y$。（若不知道 p 和 q，则不存在有效的算法求出这些平方根；当然，若知道所有这四个平方根，则很容易求出 p 和 q。）

3. 从四个平方根中任选一个，记为 z。

4. 任取整数 k，把整数 $s \equiv k^2 (\bmod\, n)$ 发送给你的经理。 设 $a \equiv k (\bmod\, n)$，$b \equiv kz (\bmod\, n)$，借助不经意传输把这两个数发送给你的银行经理。

5. 经理恰能读懂两条信息中的一条。 她检验其平方剩余（关于模 n）要么等于 s（如果她读懂了信息 a），要么等于 rs（如果她读懂了信息 b）。

6. 将上述步骤重复 T 次，最后，你的经理就相信你知道素因子分解（概率为 $1-2^{-T}$）。

注意到你的银行经理并不给你回复，也就是说，协议不是交互式的。

反馈信息

萨默塞特的塞尔斯（Tom Sales）发给我一份受零知识协议所启发的评论。很多年前，加德纳（Martin Gardner）引入了一个称为"依洛西斯"（Eleusis）的卡片游戏。① 游戏的一方制定规则，另一方根据给定的一局是否合法来猜规则。当时，塞尔斯发明了一个类似的游戏"阿尔法"（Alpha），游戏涉及一只住在三角形房间里的老鼠。在三个角上，分别有一盏彩色的灯。老鼠阿尔法被灯吓坏了，按照例如下面那样的规则从一个角跑到另一个角："如果我所在角的灯是红色的，并且按顺时针方向下一盏灯是绿色的话，就跑到下一个角上。"游戏的一方秘密制定规则，另一方则确定灯的组合、观察老鼠移动的情况来推测规则。该游戏的重要特征是，这些规则仅仅依赖于相对老鼠当前位置的灯的状态，因此位置的转换并不改变规则。

现在让老鼠隐身！如果你看不到老鼠，也就无法推测规则了。但在任何时刻，老鼠都可以被改为可见的，故观察者可检查是否真的遵循了规则。因此，老鼠的移动形成零知识协议的基础。现在让老鼠的移动表示一则信息，这样老鼠移动的规则便可作为一种加密算法，由此你将获得一个很有趣的系统用于传输编码信息。还有

---

① 请参见《幻方与折纸艺术》，马丁·加德纳著，封宗信译，上海科技教育出版社，2020年。——译者注

另一个特征——塞尔斯建议整合他的编码体系"Omega"——它似乎是不可破译的。

第9章
月球上的帝国

在遥远的未来，地球上的每一个国家在月球上也会拥有大片土地。自然，国家领导人希望地球和月球两地的领土在地图上使用相同的颜色。为了避免混淆，无论是在地球上，还是在月球上，相邻两块领土应该使用不同的颜色。那么，对于地图绘制者来说，最少要用几种颜色呢？着实奇怪，无人知道答案。

切蛋糕与无尽的棋局

数学之所以引起人们的兴趣，至少有三个原因：因为它好玩（本书所涵盖的最重要的原因），因为它很美，因为它很有用。数学有一定的实用性：一个数学概念或方法可以在数学的其他领域有用，可以对理论科学家有用，可以在实验室的实验台上有用，可以在工业和商业领域有用，也可以对普通公民的日常生活有用。

我并不认为一个数学概念必须直接有用才会有存在的必要性，才有理由花纳税人的钱：数学是一个连贯的、连锁的整体，一个领域的进展往往会导致其他领域的进展——即使原始的进展并没有什么用，这些进展也可能是很有用的。每当一个数学概念乍看起来完全无用，而结果却有直接的实际用途，我总是倍感欣慰——这样的例子是对以貌取人者的最佳反驳。为什么说为无用科学设立"金羊毛奖"常常是肤浅的、愚昧的、误导民众的？这些也就是其中的部分原因。

m 元帝国图（m-pire）就是这样一个概念。它看上去像是个无伤大雅（且了无意义）的玩笑，却有着正经的用途，下一章我们将看到这一点。本章中我只介绍其中的思想以及解释一部分有关的数学原理。

想象地球被分割成不同的国家，每个国家都有一块连通的领

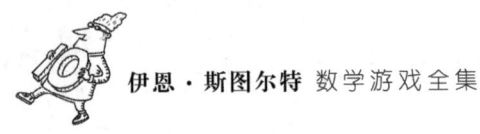

土——包括陆地和海洋。另外，每个地球国家在月球上还有一块领土，从而成为由两个连通区域组成的帝国———一块在地球上，一块在它的卫星上。所有这些地区合起来完全瓜分了两颗星球。如果要给这样一幅地图着色，使得任何一个帝国的两个区域同色，但无论是在地球上还是在月球上，任何两个相邻区域均为异色，那么最少需要几种颜色？

答案是未知的：可能是9、10、11或12。这是个有趣的问题，但完全是虚构的。

象牙塔中的知识分子想出的一个典型的无用之作？

绝非如此。

1993年，明尼苏达州圣保罗市马卡勒斯特学院的哈钦森（Joan P. Hutchinson）在《数学杂志》（*Mathematics Magazine*）上发表了对此类问题的详尽研究。在文中，她介绍了新泽西州默里山市贝尔实验室研究人员发现的地-月着色方法在印制电路板检测方面的应用。两者之间的联系完全算不上明显，但这种联系很易于理解，它涉及趣味数学家们感兴趣的概念，这些概念无论如何都值得让更多的人知道。一个主要的概念就是所谓的图的"厚度"。

本章中我将对有关地图、帝国和图的数学知识作一番描述，并解释什么是"厚度"。下一章中我们再来看印制电路板上的应用。

地图：平面或曲面（如球面）上区域的排布。每一个区域都是平面或曲面上的单连通区域，这些区域由公共的边界（一般为曲线）相连。我们常常再作一些假设——如，没有一个区域完全包含另一个区域。

图：若干点（称为结点或顶点）连以一些线段（称为边）后形成的图形。图比地图更简单也更抽象。

地图可以这样来表示：给每一个区域配一个结点，当且仅当两个区域具有公共边界时，将相应的结点用线段连起来。把结点想象为首都，而把边想象为连接邻国首都、穿越公共边界的公路。这就是地图对应的图，它表示哪些区域和其他区域有公共边界，但省去了各种不同的复杂细节，如区域的形状等等。对许多问题来说，区域形状无关紧要，将它们一起去掉往往很容易，因而要用地图对应的图来简化问题，图9.1就是一个例子。

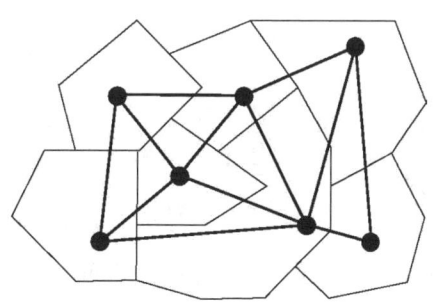

图9.1　地图与相应的图

若一个图可画在平面上，且其各边均不相交，则称该图**可平面图**。平面上的一幅地图对应的图显然是可平面图。更令人惊讶的是，如果一幅地图画在球面上，或者画在若干个不连通的平面和球面上——如地-月地图那样——那么所得的图仍然是可平面图。欲知原因,想象画在球面上的一幅地图。在每个区域内放一个结点。当两个区域有公共边界时,用边把它们的结点连起来。所得结果为一个可以画在球面上而所有的边均不相交的图。但是,任何一个这样的图也可以打开来平铺在平面上。为此,想象在球面上切开一个小洞,且它不与图的任何一条边或任何一个结点相遇。现在,想象该球面是用弹性薄片做成的。你可以拉开这个小洞,使其越变越大。球面的其他部分随之拉伸变化,等到把洞拉到足够大的时候,你就可以把它弄平形成一个圆盘。把圆盘放在平面上,你就把这地图对应的图画在了平面上,且所有的边均不相交。

如果地图画在几个球面上,我们就对每个球面重复进行上述过程,并把所得的全部圆盘不互相重叠地放在同一个平面上,这样得到的图将是不连通的——它分成几个独立的部分,每部分对应于一个球面——但不连通是图的一种常见的特点,也在其定义所允许的范围之内,所以无关紧要。

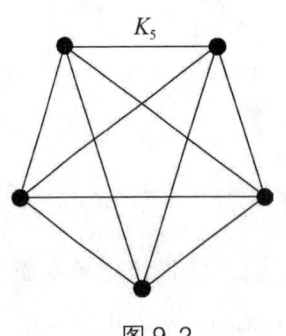

图9.2

本章涉及的一个重要的图是所谓的完全图 K_n,它有 n 个结点,且每一对不同的结点均有一条边把它们连起来。图9.2给出了 K_5。如果 $n \geq 5$,那么 K_n 就不是可平面图了。

若一幅地图(不论是在平面上、球面上或若干球面上)的区域可用不超过 k 种颜

色着色，使具有公共边界的区域不同色，则称该地图为 k 色的。（若有必要，仅有一个或有限个公共点的区域可以同色。）可以为图定义类似的性质。如果一个图的各个结点可以用不超过 k 种颜色着色，使通过一条边连接起来的结点具有不同的颜色，那么我们就称该图是 k 色的。易见，一幅地图是 k 色的，当且仅当其对应的图为 k 色的；只要把每个首都——即图的每个结点——都用相应国家的颜色来着色就行了。

满足上述条件的最小的 k 值称为图的色数，它告诉我们该图所需要的不同颜色的最小数目，因而也就是相应的地图所需要的不同颜色的最小数目。显然，K_n 的色数为 n，因为它的每一个结点都同其他每个结点相连，所以没有任何两个结点可以同色。

着色问题成为数学研究的对象已有一个世纪之久。最著名的结果是四色定理，该定理说的是：每一幅平面地图均为四色。希伍德（Percy Heawood）在很久以前就证明了每一幅平面地图均为五色。如前所述，阿佩尔和哈肯于 1976 年在一个将数学分析和大量的计算机搜索与计算相结合的杰作中，将该数减为四。迄今尚未有不需大量使用计算机的证明，尽管阿佩尔和哈肯的证明到今天已大大得到简化。人们也已研究了许多推广的情形，本章节开篇提及的地-月地图问题就为其中之一。

希伍德于 1890 年提出了一个与地-月地图密切相关的问题。该问题仅仅涉及地球上的地图，但现在每个国家都是一个最多由 m 个国家组成的帝国的一部分。一个帝国中的每一个国家都必须同色，

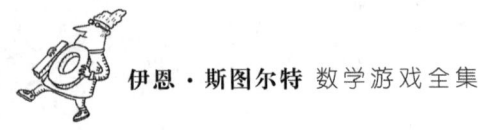

而地图上的相邻区域必须异色。(假定一个帝国里的各个国家彼此不相邻。)这种地图被一语双关地称为"m-pire"(m 元帝国图)。① 希伍德证明,对于所有的 $m \geq 2$,m 元帝国总可以用 $6m$ 种颜色来着色。

由于 m 元帝国是一类特殊的地图,因此它也有对应的图,其中每个国家都对应一个结点。然而,图的每一种合法的着色法均对应于帝国的一种着色法这一点却不再成立。其理由是:图的标准着色规则未能满足同一帝国的结点都同色这一要求。用地图对应的图很难处理这种情况。为此,我们改变图的构造,使着色规则自动正确。

以下是改变图构造的方法。

对应于某一 m 元帝国地图的 m 元帝国图中,每个结点代表一个帝国(而不是代表一个区域)。如果你觉得这容易把人搞糊涂,那么可以设想结点代表皇帝。当且仅当两个结点所对应的帝国至少包含一对相邻国家时,才用边把这两个结点连起来。你不妨把 m 元帝国图想象成皇帝们的"入侵图",这些皇帝的帝国能越过公共边界发动战争。每个结点代表一位皇帝,而每条边代表一场可能发生的双边战争。

从概念上讲,m 元帝国图是通过从普通的图里找到某一帝国的所有结点,再将它们画在完全相同的位置上获得的。这种结构常常导致多边——有多条边连接两个结点,而不是只有一条。此时去掉多余的边,只留下一条。

---

① m-pire 与 empire(帝国)的发音相同。——译者注

找出一个给定帝国的所有结点,就自然使这些结点同色,因此一个 m 元帝国地图所需的颜色种数就与它的 m 元帝国图的颜色种数相同。

1983 年,圣何塞州立大学的杰克逊(Brad Jackson)和加利福尼亚大学圣克鲁斯分校的林格尔(Gerhard Ringel)用该方法证明了希伍德定理中的颜色数目 $6m$ 不可能再减少。为此,他们证明了可以找到一个 m 元帝国,其 m 元帝国图是一个完全图 K_{6m}。因 K_{6m} 肯定需要 $6m$ 种颜色,故存在一个不能用少于 $6m$ 种颜色来着色的 m 元帝国。

地-月地图与 m 元帝国地图相关联。事实上,地-月地图可看作一种特殊的二元帝国图,它那有点奇特的基本几何图形——两个球面——把所有的二元帝国都分割成两块。它的图由两个不相交的可平面图构成,例如,图 9.3(a) 为其中一种可能的布局。(图中的圆形与地球或月球无关,试回想一下:一个球面或若干个球面上的任何一个图均可经过变形画在平面上。此处使用弯曲的边更易于显示图的形状。)

假定我们现在把这个地-月地图想象成一个二元帝国图,找到属于同一帝国的结点,得到了图 9.3(b)。我们看到,所得的图不必是可平面图了。事实上,这个图就不是。

然而,该图是"几乎可平面图"。其构造法表明,它的边可以分成两个子集,每个子集关于原结点集构成一个可平面图。这里,两个子集分别是图 9.3(a) 和图 9.3(b) 的各边。

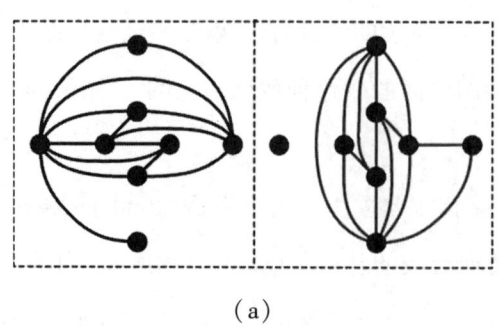

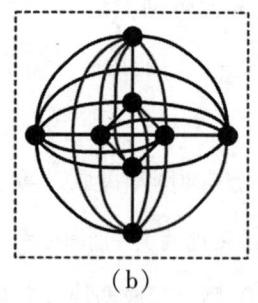

图 9.3
(a) 含有 8 个帝国的地-月图；(b) 找到相应的结点，得到相应的二元帝国图

称这样一个图具有厚度 2。一般地，如果一个图的各边能够分成 t 个或 t 个以上的子集，使每个子集形成一个可平面图，则该图具有厚度 t。现在，每一个地图对应的图都是可平面的，甚至当地图位于球面上也是如此。一个地-月地图由两个独立的平面地图组成：一个在月球上，一个在地球上。每个帝国在这些地图上恰好表示一次。所以，每个地-月图具有厚度 2：一个平面块代表地球部分，另一个平面块则代表月球部分。反之亦然：每一个具有厚度 2 的图对应于一幅地-月地图（虽然所涉及的领土可能没有完全覆盖这两个星球；也

许还有一些区域尚未有任何帝国宣称拥有其主权。

由于地-月图是一种特殊的二元帝国图,因此希伍德定理表明,对于每一幅地-月图来说,12 种颜色已经足够了。然而,我们不能直接断定 12 种颜色也是必要的。其原因在于,并非每一个二元帝国都对应于一幅地-月地图。在一幅地-月地图上,每一个帝国在月球上占有一个区域,在地球上也占有一个区域。若视此为一个二元帝国,则两个区域形成了两个独立的"岛屿",每个帝国在每个岛上恰有一个区域。对照之下,一个二元帝国由很多区域对组成,这些区域无须形成两个岛;即使它们形成了两个岛屿,一些帝国也可以在同一岛屿上拥有两块领土。

实际上,在人们已知的实际需要 12 种颜色的二元帝国图中,没有一个能转化成地-月地图。因此,对地-月图来说少于 12 种颜色也可能足够了。

例如,完全图 K_9、K_{10}、K_{11} 和 K_{12} 都是二元帝国图,但它们的厚度为 3,因此不可能是地-月图。实际上,如果 $n = 9$ 或者 10,那么 K_n 具有厚度 3;在 n 为其他值时,K_n 的厚度为不超过 $\frac{n+7}{6}$ 的最大整数。

图 9.3(b)实际上就是完全图 K_8,所以 K_8 的厚度为 2。这就意味着它可以表示成地-月图。这证明地-月问题中至少需要 8 种颜色。柏林洪堡大学的祖兰克(Rolf Sulanke)证明了图 9.4 所示的图厚度为 2,色数为 9,从而把下限增加为 9。

因此,"厚度"概念乃是地-月地图这一趣味难题背后的深刻的数

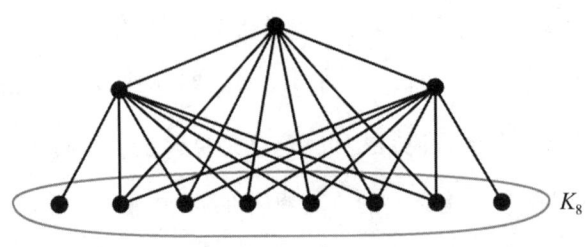

图9.4 祖兰克图

学思想。你也可考虑地-月-火地图,其中每一个皇帝均拥有三块领土,每个星球上各一块。这些地图是特殊的三元帝国地图,其三元帝国图总是具有厚度3。一般地,厚度为 t 的图可看作 t 个行星上的星球帝国的 t 元帝国图。

这类地图着色问题很有意思——但却没有多少现实意义。即使跨星球的帝国存在,地理学家也总会通过试错来给它们着色——无论如何,他们都不想遵循我们的着色法则。下一章我们将会看到厚度概念的应用;然而,它们并非专属于"地图"意象。相反,它们还可用于电路测试。

数学是抽象和一般的:同样一种思想有许多种实现方式,其中一些比另一些有趣——而一些又比另一些实用。

第 10 章
帝国与电子学

如果你觉得上一章都是抽象的废话，想象不出什么应用，那么请再想想。它导向一个非常有效的测试印制电路板是否短路的方法。通常的方法需要几十万次测试，但基于月球帝国的那种方法却只需不到 12 次测试。

切蛋糕与无尽的棋局

上一章介绍了各种地图着色问题,并将它们与图论相联系:图中,被称为"结点"的点用被称为"边"的线连接起来。一个好的数学思想在现实世界中有很多种不同的解释。虽然地图着色问题看上去鸡毛蒜皮,但其背后的数学思想对工商业都很有用。特别地,由地-月帝国的地图方案这一不太可能在现实中出现的情景导向图的"厚度"概念,近来在印制电路板制造上发挥了它的优势。现在我要介绍这一应用,它是由贝尔实验室的研究者们发现的,涉及测试印制电路板以查找短路位置。该应用惊人地高效,可以将极为庞大的测试次数,如 125 000 次,降至仅仅 4 次。

回顾一下,如果一个图可以在平面上画出,且任何两条边都互不相交,那么该图就是可平面图。从可平面图出发,下一步是具有厚度 2 的图,意思是边可以分成两个集合,每一个集合关于所有结点形成的子图都可平面图。如果一个图的边可以分成三个这样的集合,那么该图具有厚度 3,以此类推。你可以把一个厚度为 2 的图想象成一种"三明治":在其中一片面包上画出第一个集合中的边,它们互不相交;在另一片面包上,画出余下的边,它们也互不相交;结点就是夹心

(图10.1)。需要 t 层面包的图具有厚度 t。

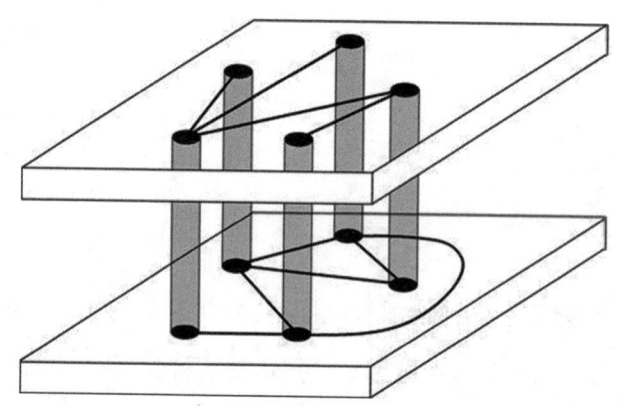

图10.1　表示成三明治的五结点完全图

每一层面包都是一个可平面图,且结点是夹心;若直接从上往下看三明治,则两片面包重叠,此时得到图 K_5。

这个示例清楚地说明了为什么图及其厚度与电路相关。首先,将电路自身设想为一个图,结点为电子元件,边为电气接线。如果电路构建于印制电路板的一面上,那么,为避免短路,它对应的图必须是可平面的。若使用印制电路板的两面——就像三明治的两片面包一样——则具有厚度2的图就出现了。通过使用多块印制电路板,可增加图的厚度。类似的考虑亦适用于高科技的硅片领域,因为超大规模集成电路(VLSI)必须分层构造。

一块典型的印制电路板为 100×100 的孔阵——确切数目有差异——孔上装有元件,元件用一种导线材料制成的"轨道"作为电线纵横连接。对印制电路板制造商来说,一个重要问题是检测印制电路板上的多余连接——将本应彼此隔离的元件连接起来的多余轨道。

出于实用上的考虑,制造商将印制电路板上的元件排列成"网"。一张网就是一组元件,以"轨道"不含闭环地连接(图 10.2)。在一块制作精良的印制电路板上,不同的网之间是不通电的。这里我们所关心的问题是以高效的方式来确定两个不同的网是否不经意地被多余轨道连起来——这就是"短路"。

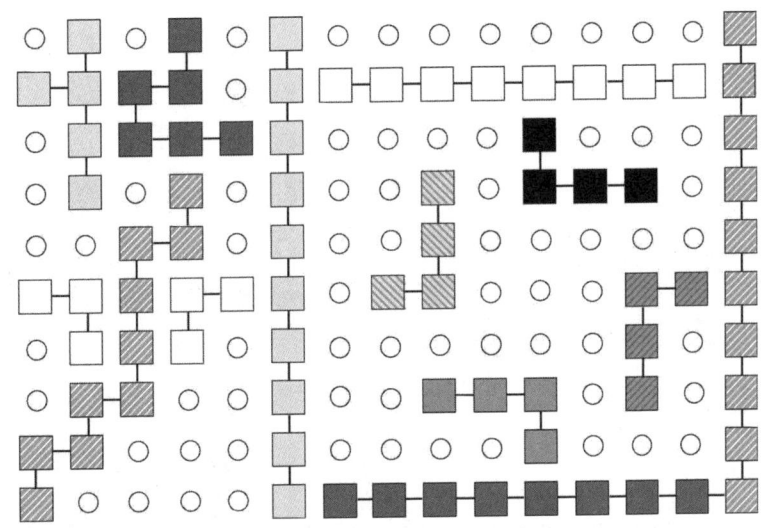

图 10.2 一块简单的印制电路板
圆为用于安装元件的小孔,正方形为元件,一组相连的正方形为网

最直接的方法是两两检查所有的网,看它们是否相连。这里最简单的办法是制作一个"测试装置":构造一条电路,将一个网连到电池的正极,将负极经由灯泡连到另一个网(图 10.3)。若两个网意外地被印制电路板上的轨道连接,则电流通过,灯泡变亮;否则灯泡就不会亮。当然,实际的测试装置会使用更复杂的电子工具——如将电脑连到机器人上,机器人自动抛弃错误的印制电路板,这样就不用

使用灯泡了——不过两者的基本思想是一致的。

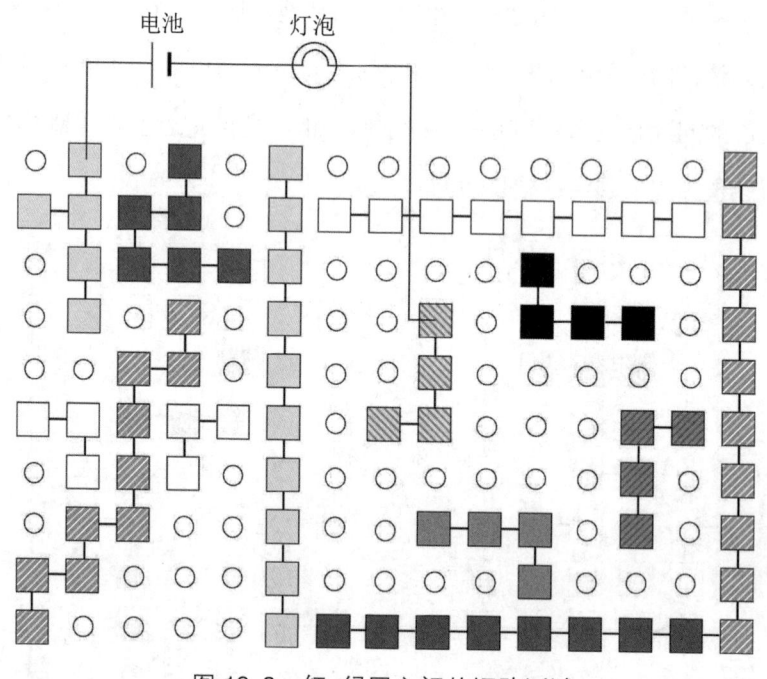

图 10.3　红、绿网之间的短路测试

不幸的是,这种方法并不实用。在 n 个网的情况下,该方法需要 $\dfrac{n(n-1)}{2}$ 次测试——即网的对数。一般来说网的个数为 500,故对每块印制电路板要进行 124 750 次测试,这个数字太大了,测试并不可行。现在我要让你相信,运用网的厚度概念,立刻能把测试次数减小到 11;事实上,稍稍再加一点思考就可以把测试次数降至 4。这就意味着可以迅速有效地测试每一块印制电路板,从而得以排除那些带有短路的印制电路板。

这些改进方法的出发点是把印制电路板图样转换成一个图。其思想是定义最简图,传达不同网之间的短路信息:不妨称之为电路图的网图。对简洁程度的要求使网图构造起来需要点技巧。例如,由于我们试图找出不同的网之间是否存在短路,因此,把每个单独的电路元件都视作网图的结点是没有什么意义的;相反,我们给每个网配一个结点。网图的边代表可能存在的短路,但并不一定是实际存在的短路——因为,如果我们知道短路实际上在哪里,那就不必测试电路了。精确地说,当两个网"相邻",即可用一条不经过中间网的水平或垂直方向的直线连接时,就用边将网图上两个网对应的两个结点连起来(图 10.4)。

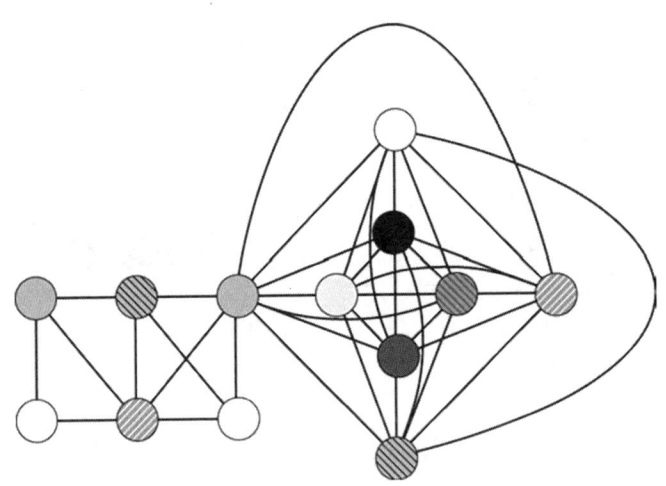

图 10.4　电路的网图

点的颜色对应于网的颜色,该图可用 8 种颜色着色,其中相邻结点不同色。希伍德定理确保任何网图均有类似着色法,但或许需要多达 12 种颜色

让我解释一下这一部分可行的方案。

理论上说，连接不相邻网的短路也可能存在。然而，由于电路的构造方式，几乎所有这样的短路一定也连接相邻的网。在一个平常的制造过程中，机器在印制电路板上设定了两条路线：一条用于建立水平方向的连接，另一条用于建立竖直方向的连接。当它铺设了太多的导体材料时，错误出现了，一不小心将两个本不该连接的网连接起来；我把它叫作"制造失误"。其他一些情形也可能导致短路出现，制造出错误的印制电路板，但它们远比制造失误少见，可以忽略不计。

由于元件是用水平或者竖直方向的直线段来连接的，因此任何制造失误一定会在两个相邻网之间制造一个多余的连接。其余的导线可能会遇到多个更远处的网，但整条错误导线所连接的前两个网必是相邻的(图 10.5)。换言之，我们可以通过寻找相邻网之间的短

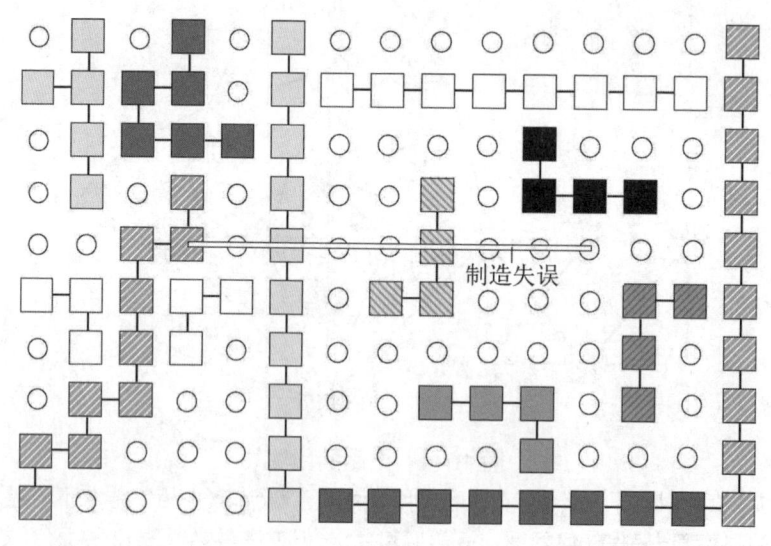

图 10.5

任何由制造失误产生的短路一定连接相邻的网，即使它也与其他网相连接

路来检测制造失误。在这个意义下，网图的边对应于可能的制造失误。不考虑中间网这一条件使图得到了简化，且没有遗漏可能的错误：无须寻找所有的短路，只需寻找"最小的"短路。

前面我说过，结点由印制电路板元件组成的图具有厚度 2——每一面的厚度为 1。由于同样的原因，网图也具有厚度 2。我也提到过希伍德所证明的一个定理：任何具有厚度 m 的图都可以用 $6m$ 种颜色着色。设 $m=2$，则任何具有厚度 2 的图都可以用 12 种颜色着色。这就是说，每个结点都可分配到 12 种颜色之一，其中用边连接的两个结点不同色。由希伍德定理可知，任何印制电路板的网图都可以用 12 种颜色着色。我们可以把这种着色方法（概念上地）迁移到印制电路板的网上。于是，每个网都可以分配到 12 种颜色之一，其中同色网不相邻。

由于我们是在寻找连接相邻网的短路，因此我们可以把研究局限于不同色的网之间的短路。此外，为了查明上述的短路是否存在，我们可以在如下意义下把每种颜色的所有网归并在一起。对于这 12 种颜色中的每一种，我们构造一个"探测器"，它是一个由导体制成的树状结构，当测试装置将其与印制电路板（图 10.6）相连接时，它可以把某种颜色的所有网连在一起。假设我们选定了两种颜色——如红色和绿色。把红色和绿色探测器都连到印制电路板上，使其保持隔离，在红色探测器与绿色探测器之间没有电流通过，除非沿着印制电路板的导电轨道。现在我们在这两个探测器之间接上电池和灯泡，看看是否有电流通过。

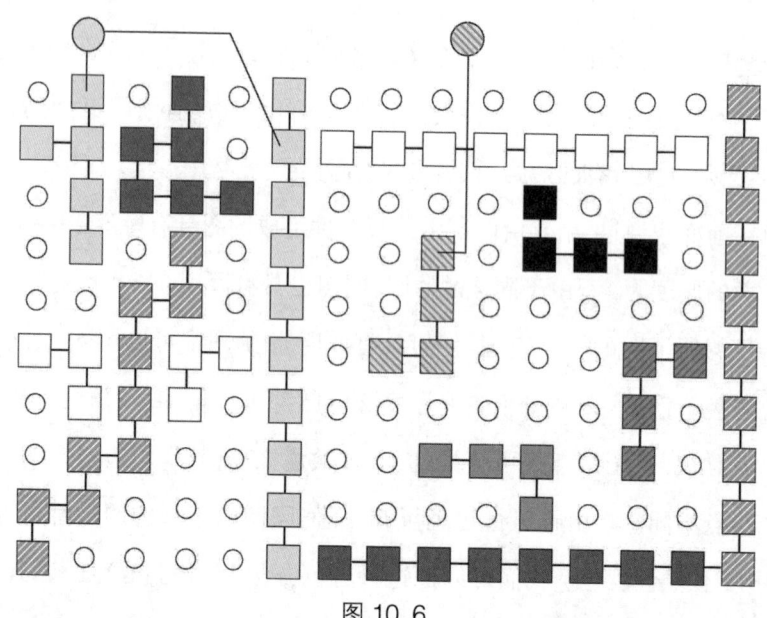

图 10.6

两个探测器:一个连到所有红色网上,一个连到所有绿色网上(这里仅有一个绿色网)

若印制电路板制造正确,则无电流通过,因为红色探测器只与红网连接,绿色探测器只与绿网连接,在印制电路板上,红网不能与任何绿网相连。然而,若印制电路板含有制造失误,把一个红网与一个绿网相连,则两个探测器之间就会有电流通过。现在,印制电路板上的任何制造失误必定连接两个相邻网,且这些相邻网必不同色。因此,当用相应的两个探测器测试印制电路板时,测试装置中就会有电流通过。

注意到,该测试并不能告诉我们错误出在哪里;但由于我们选择丢弃所有不合格的印制电路板,并不打算修理它们,因此,我们并不需要知道错误所在位置。结果是,为了检测制造失误是否存在,只需检测所有可能的各对探测器之间是否通过印制电路板上的导体通电

即可。由于只有 12 种探测器,则测试次数为

$$C_{12}^2 = \frac{12 \times 11}{2} = 66$$

所以,无需 124 750 或者更多次的测试,我们只需 66 次——这已经是重大的改进了。

然而,我们很容易就能精益求精(图 10.7)。测试探测器 1 和 2 之间是否有连接,扔掉两者之间有连接的所有印制电路板。然后,添加一个"门"来连接探测器 1 和 2,检测探测器 3,看它是否与探测器 1、2 和门所形成的电路相连。如果相连,那么探测器 3 要么与探测器 1 相连,要么与探测器 2 相连。任何一种情形最终都是一个错误,因

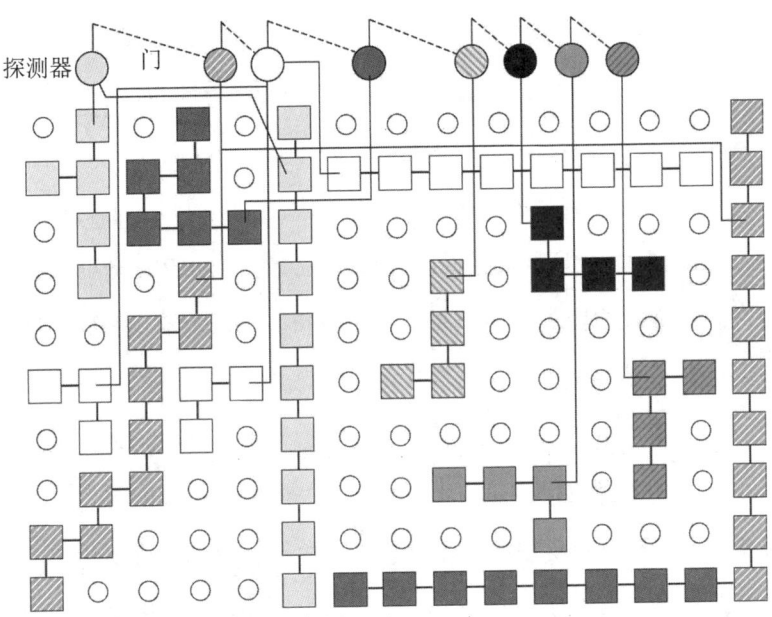

图 10.7 用可开关的门连接一个完整的探测器系统

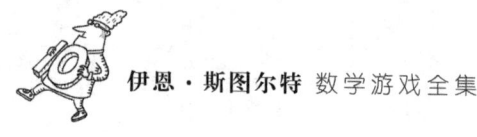

此,我们不去管到底发生哪种情形:我们只是扔掉不合格的印制电路板。现在,增加将探测器3连到探测器1和2的第二个门,继续同样的步骤。这就把检测次数降至11。

卡拉马祖西密歇根大学的施文克(Allen Schwenk)认识到,可以进一步减少检测次数。把1,2,…,12用二进制写出来:从0001一直到1100。制作一个"超级探测器"连接所有0开头(从右往左数,下同)的探测器,再制作另一个"超级探测器"连接所有1开头的探测器。检测这两个超级探测器是否相连。若相连,则扔掉这块印制电路板。否则,再制造两个连接第二个数位上数字相同的探测器的超级探测器,检测它们是否相连。对二进制的第三位数和第四位数进行同样的操作。以上就是所有需要的检测。要了解该方法何以有效,只需注意:两个不同的探测器对应的二进制数必定至少有一位数字不同,因此,如果两个不同的探测器由短路连接,四次测试中必有某一次检出错误。

当然,印制电路板上可能还有其他错误,但由该方法所排除的错误是最普遍的。每块印制电路板所需的测试次数从124 750降至4,一旦生产量变得相当大,这样的改进就非常值得——因为对于相同的印制电路板来说,那些复杂的探测器和超级探测器只制作一次。实际上,一个"可编程的"探测器/超级探测器单元可以涵盖所有可能的结果。

在上一章,我们始于地-月帝国地图着色的趣味难题;现在,我们结束于为印制电路板制造商省钱的测试技术。数学上重要的并不是某种思想的具体实现,而是当你利用技术和想象进一步探究这种思想时所开辟的天地。

进阶读物

第 1 章

Steven Brams, Alan D. Taylor, and William S. Zwicker, Older and new moving-knife schemes, *The Mathematical Intelligencer* vol. 17, no. 4 (1995) 30—35.

Steven Brams, Alan D. Taylor, and William S. Zwicker, A moving-knife solution to the four-person envy-free cake-division problem, *Proceedings of the American Mathematical Society* vol. 125(1997) 547—554.

Jack Robertson and William Webb, *Cake Cutting Algorithms*, A. K. Peters, Natick, MA 1998.

第 2 章

William Feller, *An Introduction to Probability Theory and Its Applications Volume 1*, Wiley, New York 1957.

第 3 章

David Gale, *Tracking the Automatic Ant*, Springer, New York 1998.

John H. Halton, The shoelace problem, *The Mathematical Intelligencer* vol. 17(1995) 36—40.

第 4 章

David Borwein, Jonathan Borwein, and Pierre Marechal, Surprise maximization, *American Mathematical Monthly* vol. 107 no. 6 (2000) 517-527.

Jules Richard, Les principes des mathematiques et le probleme des ensembles, *Revue Generale des Sciences Pures et Appliquees* (1905); translated in J. van Heijenoort (ed.), From Frege to Godel: *A Source Book in Mathematical Logic* 1879—1931, Harvard University Press, Cambridge MA 1967.

J. Richard, Lettre a Monsieur le redacteur de la revue generale des sciences, *Acta Mathematica* vol. 30 (1906) 295—296.

第 5 章

Hans Melissen, Packing and covering with circles, Ph. D. thesis, University of Utrecht, 1997.

K. J. Nurmela and P. R. J. Östergård, Packing up to 50 circles inside a square, *Discrete Computational Geometry* vol. 18 (1997) 111—120.

K. J. Nurmela, Minimum-energy point charge configurations on a circular disk, *Journal of Physics* A vol. 31 (1998) 1035—1047.

第 6 章

Paul R. Halmos, *Problems for Mathematicians Young and Old*, Dolciani Mathematical Expositions 12, Mathematical Association of America, Washington, DC 1991.

第 8 章

Neal Koblitz, *A Course in Number Theory and Cryptography*, Springer, New York 1994.

第 9 章

Joan P. Hutchinson, Coloring ordinary maps, maps of empires, and maps of the Moon, *Mathematics Magazine* vol. 66 (1993) 211—226.

第 10 章

Joan P. Hutchinson, Coloring ordinary maps, maps of empires, and maps of the Moon, *Mathematics Magazine* vol. 66 (1993) 211—226.

How to Cut a Cake:
And Other Mathematical Conundrums
By
Ian Stewart
Copyright © Ian Stewart 2006
The First Edition was originally published in English in 2006
Simplified Chinese edition Copyright © 2025 by
Shanghai Scientific & Technological Education Publishing House Co., Ltd.
This translation is published by arrangement with Oxford University Press
ALL RIGHTS RESERVED
上海科技教育出版社业经 Andrew Nurnberg Associates International Ltd. 协助
取得本书中文简体字版版权